001–052 天光
共舞

迎接大自然的恩赐，让最耀眼多变的天光在空间中流转，营造出清新而有层次感的居家环境。

001 美丽阳台为室内带来更多光线

将原本狭小、杂乱又难以利用的户外阳台覆上实木条的格栅设计，一方面可以让这个空间变得干净，又有亲和力；另一方面，还可保有良好的采光与通风，让阳台成为全家人都愿意走出去的自然空间，而且从室内的角度来看，也因为美观又明亮的整体画面，使大家乐于将窗帘打开，引入更多光线。

图片提供 © 成舍室内设计·工程

002 半透纱帘顾及隐私与景观

书房沿窗设置单人床大小的卧榻，既可充当访客过夜的临时卧铺，更是屋主平常享受卧读之乐的角落。考虑此屋四周有大树构成天然屏障，室内较无隐私问题，再加上书房有北向开窗，不像东西侧的窗户会带来过强光线；因此，罗马帘选用半透纱材质，即使要加强与外界视线的隔绝，也不至于遮挡绿景与阳光。

图片提供 © 光合空间设计

003 善用空间优势做照明

设计师将封住天井的铁皮拆除，并善用此优势，以天井作为空间提供主要照明，让白天的阳光和晚上的夜光都能洒落在空间中。再搭配局部LED（发光二极管）灯及木皮墙面下的间接照明，呈现简洁线条，呼应空间走向并延续木皮墙面。

图片提供 © 沈志忠联合设计 | 建构线设计

001

002

003

004 多元照明方式让空间更有层次感

公寓拥有 L 形采光大面，白天完全不用开灯，还觉得太亮。因此，设计师特别将三面大窗户都装上纱帘，不但可以柔化光线、保护隐私，更能使居家氛围温馨舒适。晚上需要照明时，除了客厅桌灯和餐厅吊灯，天花板上亦有嵌灯及间接照明可搭配。客厅电视柜上方也有间接照明，展现空间不同的层次感。

图片提供 © PartiDeaign Studio

005 挑空天井点亮长形屋

这间四层楼的房子只在正面有采光，其他三面皆与邻屋相临。为了改善通风与采光，设计师特别设置挑空天井，并在顶层设置电动气窗，让原本阴暗的长形屋尽享天光，带来满室的温暖和流通的空气，创造舒适的居家空间。

图片提供 © 诺禾室内设计

006 格栅天花板满足采光需求

地下室的空间很有限，为援引天光入内以点亮阴暗区域，加上有在此悬挂自行车的需求，故在楼板打造透空的原木格栅天花板来引入光线，格栅天花板同时也能在高度有限的空间里满足悬挂自行车的需求。透空的原木格栅让视线能往上延伸；左方室内隔断采取木框镶透明玻璃的手法，让视线也能水平拓展。

图片提供 © 达圆设计

007 善用优势创造恰到好处的照明

这间房子拥有很大的阳台，使用大面积的开窗引进阳光，并且加装蜂巢帘让室内光线柔和不刺眼。室内无需过多的灯具来照明，因此客厅选择木脚架的造型探照灯呼应满室的木质素材。餐厅则选择低调的吊灯，量体不大，颜色亦不明显，以免抢走木纹墙面的风采。

图片提供 © 诺禾室内设计

005

006

007

008 大面紫帘揭开明朗的内外景

这间书房原先只设两扇小窗。装修时，将开窗范围拉至最大程度——超过6m的采光面，恣意地引进阳光与山景，全室顿然明亮。用遥控器来操控电动宽幅卷帘，无需费力手动调节；细编的帘面略可透光，主要是用来调节过强的阳光。紫褐色的卷帘与深色的原木展示架构成清新对比。沙发旁的墙角垂下一串黑色藤球灯，奇妙光影又增添了室内一景。

图片提供 © 上景室内装修设计

009 善用纱帘创造光影变化

客厅拥有大片落地窗，白天采光充足，不需要太多照明设备。因此设计师特意不装饰天花板，裸露管线及嵌灯，表现犹如洛夫特（Loft）风的粗犷设计感。天花板上不装设主灯，以单椅旁的立灯作为客厅的主灯，并加装窗纱，利用纱帘创造光影效果，让空间更有层次感。

图片提供 © PartiDeaign Studio

010 低台度大窗景带来静谧的自然美

在都会中难得拥有一栋有天有地的庭园宅邸，因此，在格局规划时特别以低台度的大开窗设计，将这难得的绿茵草地与天光景色引进室内，并成为全室中最珍贵的画面。除了注意开窗的宽高比例外，为凸显更完整的大窗，特别舍弃繁复的窗帘布，而以百叶帘来保持画面的简洁，同时也依需要调整为全开或半开采光面。

图片提供 © 成舍室内设计・工程

008

009

011 加宽玻璃门引入光线改善阴暗感

因空间格局略呈狭长，加上后半段空间无采光，因此，为了使室内拥有更多自然光，在隔墙上大量运用了玻璃材质以展现空间的穿透性。除了在客厅与书房之间以玻璃墙取代实墙，在书房与玄关处也以加宽的大片玻璃门区隔，好让自然光可以顺利被引入无采光的室内区域。

图片提供 © 成舍室内设计·工程

012 让客厅随时都能保持明亮

客厅挑高 3.8m，两面落地窗引进大量天光。为不掩先天优势，双层窗帘选用浅灰色薄纱，搭配灰褐裙色边的浅茶色布帘，单色的平织布可略微透光。布帘舍弃窗帘盒的做法，改用退缩的天花板且内藏间接照明，以优雅的方式来彰显天花板的存在感与高度。有规律地配置数组 LED 嵌灯与轨道灯，为夜间提供充足的基础照明。

图片提供 © 上景室内装修设计

013 与阳光共舞的书房空间

为了让三楼的书房更加明亮，设计师特意挑空四楼楼板，并且在房子正面做数个大小不同的开窗，让阳光可以在室内随着时间迁移点缀出不同的趣味。而在屋外有木格栅保护隐私，左侧则选择大面积开窗，让室内更加通透明亮。

图片提供 © 诺禾室内设计

014 纱帘与百叶为空间气氛加分

客厅和书房因有大面积开窗，提供充足的光线，因此不需要过多的人工照明。客厅中除了天花板的光沟提供间接照明外，设计师再以四个盒灯辅助。而书房则设计天花板及书架背后的间接照明，使书架的造型更加立体。利用纱帘的皱褶和木百叶，让光线在室内形成美丽光影，为空间的气氛加分。

图片提供 © PartiDeaign Studio

015 明亮阳光屋营造热情南欧气息

为了让家呈现出屋主喜欢的西班牙式的建筑风格，刻意将屋内的活泼用色延续至阳台，除了将墙面漆成温暖的亮黄色，并配置异国情调的户外家具，同时以透光的纱帘搭配玻璃，从四面八方引入自然光，通过灵动的光影变化为居家营造出充满阳光、热情的南欧氛围。

图片提供 © 摩登雅舍室内装修

016 善用挑高采光墙化解狭长屋形

以3盏圆形吊灯装点室内挑高的落地窗，仿佛与窗外的天光、绿景相谈甚欢一般，而为了让自然光能大量进入室内，在格局上采用开放式设计，如卧室采用玻璃隔断，而二楼也以简单线条的白色栏杆作为护栏，好让这栋仅有前后采光的狭长空间摆脱阴暗不适感。

图片提供 © 成舍室内设计·工程

014

015

017

018

019

017 用玻璃屋引入自然光

别墅住宅一楼的整体空间以圆心概念架构，将原本入口大门两侧的实墙改成固定玻璃，左侧以H型钢架构玻璃屋，屋顶使用钢化玻璃，使空间拥有良好的四面采光，而室内造型天花板则以人工照明增添层次感。考虑到安全性与隔热效果，玻璃屋顶加贴防爆隔热胶膜，让人能尽情地享受美好的阳光。

图片提供 © 艺念集私空间设计

018 轴向动线与开放格局引进充沛阳光

只有前后采光的住房，为了更好利用客厅落地窗，设计师在动线的配置上，特别采取轴向规划的方式，加上开放式格局，让光线不受阻挡，让人尽情享受沉浸在阳光下的美好生活。

图片提供 © KC Design Studio

019 半开放式隔墙设计，共享自然光

一整面的自然采光面串联客厅与书房两个空间，为了让自然光能够在整个公共空间自由流动，在客厅与书房之间，以半高的木作实墙搭配透明玻璃，取代整面的隔墙，透明隔墙让客厅及书房的阳光可自由流动，白天只需局部的照明，室内便可明亮通透。

图片提供 © 明楼室内装修设计有限公司

020 毫无阻隔的一楼采光策略

一楼的采光多半不佳，因此，设计师在不变动外墙的情况下，拆除室内所有隔墙，让空间变得宽敞，屋子两侧的光线也能无碍地进入室内。大面落地外窗引入了充沛阳光，选配调光卷帘，可轻松地控制进光量。为让室内更显明亮，地板铺设高反差的亮面瓷砖，当阳光漫射至屋内时，大面积反射可提高全室亮度。

图片提供 © 大雄设计

020

021 藤编吊灯与自然光的交互运用

卧房选用知名设计师设计的藤编吊灯，搭配海草编织的床头板，放松休憩的氛围弥漫其中。设计师认为卧室灯光要以柔和为主，床头两盏台灯加上藤编吊灯便已足够，吊灯还能照明挑高空间里的旋转楼梯，白天时间则以阳台外的自然光为主要照明。

图片提供 ◎ 明代室内设计

022 引天光入夹层空间与人工照明搭配

格局变更，引自然光入室内空间，考虑到后续灯管的维修工作，在夹层中辅以轨道灯，让客厅局部照明更聚焦。此外，在窗帘盒上下空间配置嵌入式灯管，取代直接从挑高天花板铺设照明的方式。为了让使用者置身二楼时不会感到刺眼，灯管也配置了压克力板，以达到柔和光线的效果。

图片提供 ◎ 德力设计

023 地下室切楼板借光一扫阴暗

设计师将地下室靠近一楼落地窗附近的楼板切开借光，引进户外阳光。天花板上方除了有筒灯外，另在正中间以一条工字钢锁上轨道灯增强照明，在玻璃烤漆的上下两道另藏有灯管，可在需要时开启，一扫地下室的阴暗。

图片提供 ◎ 奇逸空间设计

024 工字钢双侧灯搭配天光，利落大气

打掉了隔墙改用玻璃拉门，得以引进户外自然光，感觉相当放松。天花板上方以工字钢框住，上方凹槽藏有嵌入式灯管，下方凹槽则规划轨道灯，以代替气派的主灯，利落有型，明亮大气，不抢天光风采，又能有足够的人工照明随时满足需求。

图片提供 ◎ 奇逸空间设计

021

022

023

024

025

026

027

025 光与光的聚会

一望无际的美景不只是视觉盛宴，更是绝佳的天然光源，简洁的大面开窗，无须多余的装饰，直接将自然景色映入眼帘，这就是最好的布置与照明；配上化解梁柱压迫感的间接照明，以及重点位置的盒灯，即使是夜晚或阴天也不必担心光线不足。透明的茶玻隔断，区隔了空间，也让光线更有层次感。

图片提供 © 非关设计

026 室内玻璃屋让光自由流动

原来的格局规划让空间拥有得天独厚的多面采光，因而刻意让书房以玻璃屋的姿态与客厅共存，使得自然光能为室内带来更多温暖，再搭配的卷帘兼顾隐私。为配合透明玻璃的引光设计，舍弃会阻隔光线的电视实墙，将旋转电视以支架固定在木作包覆的柱子上，让阳光在空间中得以肆意地流动。

图片提供 © 明楼室内装修设计有限公司

027 卷帘是最佳的控光利器

运用家饰布或卷帘控光是少不了的天然照明设计之一，卷帘不占空间，而且还可选择全遮光、半遮光、双层可调光等形式，其材质、纹理与颜色也相当多元。设计师选用卷帘控光，并在挑高足够处融入间接照明，让室内昼夜变化风情万种。

图片提供 © 德力设计

028 保持隐私与采光的纱帘

充满闲适气氛的书房兼起居间，洁净的白色与柔和的米黄色搭配窗户采光，营造出明亮的视觉感。由于窗户邻近另一住家，为此特别使用双层窗帘，半透明的纱帘可维持采光与隐私。使用玻璃区隔空间，也是为了加强引光效果。

图片提供 © 王俊宏室内装修设计工程

029 多面自然采光的冂形空间

将卧房与阳台连接处往外推，多出一个冂形的空间，摆上书桌、设置吊架，作为阅读区。为了白天可以接受多面的自然采光，外推部分不做实体墙面，而采用落地玻璃窗；同时为了保有隐私，在落地玻璃窗加装卷帘，必要时可将卷帘放下。而在冂形的天花板上装上间接照明，可加强吊架亮度，并弱化卷帘与天花板交界的线条，使空间更具整体感。

图片提供 © 杰玛室内设计

030 巧用视差兼顾隐私与采光

卧房落地窗引入充足光线，下段增设的木格栅当安全护栏。由于楼层高度与邻栋不一，水平格栅能有效阻挡外界视线。上半段用由上至下型风琴帘，让光线在进入的同时仍可保有室内隐私，并让上端气窗的空气能对流。夜间照明以间接灯光搭配 LED 小嵌灯为主；床头的天线造型灯具，带出品位与童趣。

图片提供 © 宽引设计工程

031 自然光穿透镂空蕾丝纱

卧房内有难得的大片落地窗接受自然光，用木质边框框住落地窗，让窗外风景有如一幅图画。若白天需要小憩或午睡时，便有柔化自然光的需求，因此，设计师特地选用叶子造型的镂空蕾丝纱弱化自然光，让卧房充满宁静平和的氛围。

图片提供 © 只设计・部室内装修设计

032 以间接照明调和自然光

主卧室位于角落，L 形连续窗虽然可提供充足的自然光，但也容易造成心理压力。为了化解尴尬，除了运用纱帘柔化光线外，设计师巧妙利用天花板留缝，加入色温偏黄的间接照明，增添温度感，调和出人感觉放松的空间气氛。

图片提供 © 王俊宏室内装修设计工程

029

030

031

032

033

034 035

033 · 大面开窗，广纳自然光

大面积居家空间拥有绝佳的视野，户外既是大公园的美景也能提供最佳采光，因此刻意大面积开窗，实现室内在天晴时不必开启任何的人工光源，也能拥有足够的亮度；人工光源的设置也相当简单，绝不影响欣赏自然美景的情趣。

图片提供 © 无有建筑设计

034 · 善用天井打造明亮小孩房

小孩房受建筑结构影响，原始卧房两区即有80cm的高低差。以此分界，将空间规划为游戏区和睡卧区两大区块；并拆除旧有天花板，恢复原有的天井设计，让明亮天光洒落室内。加装水平横拉式的罗马帘，休憩时即可拉起遮光。

图片提供 © 白金里居空间设计

035 · 天光与人工照明皆备的阅读空间

灰色镜面拉门里的一个独立小空间，是在客厅旁隔出的狭长形书房。由于此间窗户面积很大，白天时的自然采光没有太大问题。而天花板装有吸顶灯，由于阅读或使用电脑都需要足够的亮度，所以书桌上的台灯依然是书房不可或缺的。

图片提供 © 只设计·部室内装修设计

036 · 从四面八方射入屋内的光

为了减少耗能并提升室内的明亮度，设计师特别采用多面开窗，从不同的方向纳入更多的自然光，尤其是在天花板处规划了天窗设计，让自然光能够直接射入屋中，使挑高的空间变得更加明亮，不必开启过多的人工照明。

图片提供 © 考工记工程顾问有限公司

023

037

037 窗外天光与幸运草创意壁饰相互呼应

特别以铁件烤漆打造十余朵大小不同的绿色幸
运草，作为白色背墙的装饰，令人备感温馨，
当窗外天光透过白窗纱射入室内，同时将属于
大自然的气息引入居家空间，墙上的幸运草正
好与天光相互呼应，让人更能感受到自然之美。

图片提供 © 明代室内设计

038 善用玻璃材质引入一室亮光

在仅有 50m² 的小空间中，客厅并无真正的对外
采光。善用大量玻璃门片自阳台、卧房、卫浴
等空间引入自然光，特别选择长虹玻璃替代一
般磨砂面玻璃，其穿透性和质感更佳，既具遮
蔽效果，又为空间带来更多的自然光。中央和
室仅以架高的地板做区域界定，下方打上灯光，
地板仿佛浮在空中，极具轻盈感。

图片提供 © 隐巷设计

039 配合阳光高度，让功能与采光双赢

主卧面对公园，窗景相当好。将床头面向窗外
美景，并预先配合好阳光的高度，运用镂空设
计搭配黄金玻璃打造电视墙，当晨光洒入空间
时，不会直接照到床上影响睡眠，既达到电视
墙的功能、引光入室，也不会阻隔窗外原本的
美好景色。

图片提供 © 怀特室内设计

040 以天光为主要照明的儿童房

从小就接触自然光对孩童的身心都有帮助，所
以儿童房以大量自然光为主要照明，搭配简单
的圆弧间接照明。同时为兼顾隐私，另外设置
窗帘并将床铺摆放在窗户侧边，如此一来，就
能轻松无虞地享受天光之美。

图片提供 © 芽米空间设计

038

039

040

041 **天光云影让折纸屋更有韵味**

仅有 40m² 的极小空间，设计师以折纸架构不规则的白色墙面，并以此划分空间，裸露天花板与墙面、地板呈现极大对比，当天光云影穿过窗户映射在与天花相邻的白色斜墙时，有如一幅淡色抽象画，美丽光影让天花板与白墙之间有了更协调的互动。

图片提供 ©HRuiz-Velazquez Archietcure and Design

042 **自然采光烘托居家休闲氛围**

坐落于山坡的住宅，大面积的采光罩让位于地下室的浴室仍有充足光线，在不变动空间原始采光的条件下，沿墙在边缘嵌入 LED 灯，作为夜晚的照明；白天，则让明亮的自然光和简洁的空间设计，自然地烘托出度假般的休闲氛围。

图片提供 © 白金里居空间设计

043 **沐浴自然光的特殊厨房**

老屋改造的三层透天厝，大幅度改动原有格局，厨房区特别以采光罩缓和光线并遮风挡雨，让厨房更显通透宽敞，兼具实用与独特性，而居住者在烹饪时也能感受天光的美好。

图片提供 © 芽米空间设计

044 **善用挑高优势，将天光纳入室内**

为了使生活空间更为宽敞，使用更为方便，将上下楼层打通，如此一来，空间的挑高优势就愈发明显。设计师善用空间内良好的采光与高挑的优势，将景观与自然光纳入室内，同时以垂直轴线推进高度，当日照充足时，不需任何人工照明就能拥有舒适、清晰、明亮的空间。

图片提供 © 沈志忠联合设计 | 建构线设计

041

042

043

044

46

045 都市光影是最美的"自然光"

30楼的高度优势，让这个家拥有绝佳视野。在厨房和吧台区，善用此优势做整排开窗设计，能一览都市景色，让夜里的点点灯光，成为这个家最美的"自然光"。

图片提供 © 隐巷设计

046 优质自然光营造居家休闲氛围

在拆除餐厅天井后，直接保留建筑原始的采光罩，仅贴上一层隔热膜隔阻热量，当天光洒入室内，映照着窗外绿景，自然流露出轻松休闲的生活氛围。

图片提供 © 白金里居空间设计

047 凸窗设计引入自然光

坐拥绝佳赏景条件的住宅，设计师特别采用凸窗设计引景入室，其采用最大窗框逐渐对外缩的小窗口设计，兼顾赏景与隐私。白天开窗眺景之时，引入自然光，可取代照明设备，让灯具成为陪衬的装饰，其色彩恰与自然光相互呼应，而夜间需要人工照明时，也能提供一定的亮度。

图片提供 © 采荷设计

048 大面开窗保留居家采光优势

位于9楼且邻近无其他高楼的住宅，自身具有极好的采光和通风条件。规划上，采取大面开窗引入明亮的自然光，灯光则依照客、餐厅等不同空间的需求和使用性规划，以嵌灯搭配少许间接照明，能因应使用需求调整空间明暗和氛围。

图片提供 © 白金里居空间设计

048

天光共舞

049 局部玻璃地板打造居家的光和景

为了在仅约 25m² 的挑高小宅中，争取最大限度的使用空间，设计师特别将上下两层夹层通通做满，在夹层前端局部运用玻璃材质替代实木地板，让上下楼层都有充足光线，也将满窗视野引入居家，化解小空间易有的压迫感。

图片提供 © 隐巷设计

050 自然光洒落一屋子

将两户打通后，相邻的两个阳台皆采取大面开窗，引入充足的自然光；善用两侧双层蛇形拉帘，调节进入室内的光线，当日光穿透薄纱，能过滤掉大部分的日光，映照出空间的恬静之感。特别加深的窗帘盒深度至 30cm，让窗帘能自然垂落，更显优雅。

图片提供 © 隐巷设计

051 运用窗帘调节自然光

为了保留浴室拥有大面窗景的优点，同时顾及个人隐私，设计师运用了较灵活的窗帘，来调节窗户的采光、赏景与隐私。而窗帘悬挂的方式保留了窗户上方的局部区块。此区采用磨砂玻璃，如此一来，就算窗帘完全拉上时，也能引入部分自然光。

图片提供 © 王俊宏室内装修设计工程

052 镜子、卷帘，享受天光且兼顾隐私

美好的自然光是上天的恩赐，若不好好利用，实在可惜。在采光极佳的卫浴空间中，不免发生天然采光与个人隐私的矛盾，设计师因而将镜子设于窗前，并在后方加设卷帘调节光线，当自然光射入窗户，它便从镜体向四周漫射，形成极美丽的画面，让人既能享受天光，又能兼顾隐私。

图片提供 © 无有建筑设计

049

050

051

052

053-173 功能作用

光是生活中不可缺少的元素，不同的居家空间，可运用不同亮度、不同形式的照明设备或手法，以丰富种种生活功能。

053 简洁、有效的客餐厅照明设计

开放式客餐厅，由于白日可通过落地玻璃窗来援引天光，夜间则以镶在天花板的数道日光灯管来取代主灯。沙发上方的矮天花板又镶了两盏小嵌灯，当屋主在客厅聆赏音乐或阅读时，可关闭其他灯光，只留这个局部光源，营造出静心的氛围。此外，吧台区的酒杯吊架的木作天花板也设计了一圈间照，可带出休闲氛围。

图片提供 © 幸福生活研究院

054 高机动式的设计名灯

意大利的知名设计师设计的立灯外形优雅大方，并可自由调整灯光的角度。这款结构严谨的灯饰设计突破既定的间接照明、天花板嵌灯布局，甚至包括可移动式的轨道灯设计，成为空间中最机动的光源。

图片提供 © 德力设计

055 高性能的居家照明设计

以赛车为设计概念，粗犷的清水模天花与细致的白色木作天花板，构成赛车道的意象。天花板不仅遮藏了空调设备，且不外露灯具，仅借助内嵌的间接照明或投射光源来强化造型。整个空间依照使用频率来决定灯光配置，分成功能性的直接照明与营造情境的间接照明，并适度搭配自动感应，打造出便捷又节能的时尚宅。

图片提供 © TBDC 台北基础设计中心

053

054

055

056 善用灯光化解低矮夹层的局限性

夹层因高度有限，天花板不设主灯，仅以3种照明来满足不同功能：睡眠区的木地板往上折成床头板，背后藏间接灯光，提供全区的基本照明。阅读区则选用木艺台灯（Wood lamp）桌灯，可调整角度的枫木灯罩将光线圈束成更引人注目的局部光源。角落的地灯可兼当椅凳，立体的有机造型为空间注入了前卫感。

图片提供 © 幸福生活研究院

057 镜柜提供舒适的正面照明

主卧卫浴设于东侧并开窗。日间，阳光提供宜人亮度并驱走湿气，夜晚则通过间接灯光提供基础照明，下照式光线在不开大灯的状态也能保证夜间行走的安全。此外，用超白镜打造镜柜能真实反映肤色。局部洗掉镜背的水银，圆形透光处恰可框住脸部；喷砂处理则适度遮住内藏的灯具，这样子，女主人化妆时就能获得无阴影又舒适的正面照明。

图片提供 © 光合空间设计

058 抽油烟系统、吊灯成就烧烤之乐

黑色大理石吧台界定了厨房与客厅，同时也是享受美味烧烤的私密乐园！从天花板垂降一圆一方的不锈钢抽风筒，内设强力排烟系统。日式小炭炉往其下一摆，就算烤得脂香四溢，油烟随即就被距离约50cm的抽风筒给吸走。筒口各镶4盏小灯，投射在炉面的暖黄聚光，能让食物看起来更美味。

图片提供 © 上景室内装修设计

058

059 光的四重奏诠释纯白北欧风

餐厨空间的落地窗外就是自家庭院，营造出自然又清爽的调性。薄透的白卷帘能调节过强的日光，餐厅天花板透出的间接灯光则在提高室内亮度的同时也带来温馨感。造型简洁的吊灯强化了用餐氛围，也增强了空间的北欧风格。白色大型柜体刻意不做满，中段的凹槽搭配打光展示花艺或杯盘，让这区构成抢眼的室内一景。

图片提供 © 山澄空间设计

060 餐柜灯与流明天花板将厨房亮点

考虑到餐厨区为无对外采光的空间条件，为解决此问题，除了在橱柜内的背板衬以茶镜来反射客厅光线外，柜体的层板上也加装了灯光来增加空间亮度。此外，在厨房工作区上方设计流明天花板，完全解决了此区的采光问题，展现出明亮的空间感。

图片提供 © 成舍室内设计・工程

061 完善照明设计让空间更完美

间接灯光从天花板流泻而下，提供柔和的基本照明。造型天花板镶了两种嵌灯：大颗为散性光嵌灯，用来提高大面积的亮度；小颗为聚光灯，投射角度锁定在客厅茶几。吊灯、台灯等造型灯则装点了空间。这四种照明灯任由屋主弹性使用，让空间随时展现不同亮度与情境。大量运用日光灯、LED灯且事先规划好线路与插座，安全又省电！

图片提供 © 上景室内装修设计

062 多功能的照明满足多元空间

玄关与置物柜皆设有内嵌感应式照明灯，方便使用者拿取物品。夜间，柜体设置的隐藏式照明除了可凸显柜体、增加悬浮效果，也因为多了自动感应的功能，还能发挥夜灯的作用。由于餐桌也是屋主工作或阅读的地方，故在此配置台灯并预设接线位置。

图片提供 © TBDC 台北基础设计中心

059

060

061

063

064

065

063 | 炉火也可以是一种照明

位于山上度假用的住宅，客厅拥有大片落地窗，能将白天的阳光与夜晚的月光树景引进室内，因此不需要太多的人工照明。设计师舍弃一般住宅常见主灯加天花板间接照明的方式，特别改以炉火作为主要照明，一方面可以呈现度假放松的氛围，另一方面也能为屋内降低湿度。搭配局部重点式嵌灯及沙发区立灯，展现有规律的空间层次。

图片提供 © 沈志忠联合设计｜建构线设计

064 | 书柜下附设简洁的嵌入式灯光

这是一区开放式书房，在规划时已将阅读区所需要收纳橱柜，与台面下功能事先考虑好，整并入设计之中，同时也细心地在书桌上端的吊柜下安装了嵌入式的光源，这样一来不仅亮度足够，同时可以省下另设台灯的空间，桌面也不至于被弄得凌乱。

图片提供 © 成舍室内设计·工程

065 | 实用与美感兼备的乡村风餐厅照明

选用古典韵味的餐桌吊灯来营造视觉焦点，设计师在天花板的造型木梁上巧妙配置了上照式的间接灯光，搭配空间的造型，让屋高成功地被拉升，化解两侧压梁的问题，同时让灯光更具有层次感。另一方面在墙面与壁柜中，设计师也细心地安排点缀式灯光，充分地展现出乡村风格的温润调性。

图片提供 © 摩登雅舍室内装修

066 | 动静自如的投射灯

开放式书房空间位于客厅的一角，由于书房和客厅皆拥有大片开窗，因此光线充足，无须做太多照明设备，所以只用3盏投射灯作为书房照明。投射灯可自由转换角度，一方面配合可任意移动的书桌，一方面则可直接投射书柜，让书柜更有立体感。

图片提供 © PartiDesign Studio

066

067

068

069

067 两个空间、两种功能的黑帘

客餐厅运用拉斜的天花板来修饰大梁，整体利
用间接灯光来提供基本照明，进而凸显造型天
花板与电视主墙。两区的窗帘皆为黑色，形式
跟功能却不尽相同。客厅的织花布帘拥有很好
的遮光性，白天观看影片时得以不受日照影响。
餐厅窗边设有卧榻，新型的调光帘让屋主坐在
这里时也可观赏自家小庭院的花草。
图片提供 © 山澄空间设计

068 能控制光线又能保隐私的好设计

客厅的左侧过道区右边是落地窗，自然光可投
射进室内。设计师选用可自然调整遮光位置的
风琴帘，并且增设一个可自由移动的灰色屏风，
让屋主自行控制光线的变化，亦可以保有隐私。
左边木格栅的背后是通道，地板和天花板的小
嵌灯营造木格栏的光影变化，不但可以让木纹
理更明显，还能当做空间中的指引灯。
图片提供 © 沈志忠联合设计 | 建构线设计

069 两种照明营造舒眠环境

卧室为营造舒适的睡眠环境，以设在天花板里
的间接灯光取代常见的吸顶灯，柔和的均质光
满足了整个房间的基础照明。床头的壁灯，则
以近距离的侧面光提供重点式照明。两种不同
亮度的照明方式，让使用者能依需求来选择。
图片提供 © 舍子美学设计

070 精心设计的简洁灯光

客厅角落配落地台灯与红沙发，简单手法就构
成吸睛的主题区。整个空间不设置吸顶灯或间
接照明，仅以多盏嵌灯来提供基础照明。这些
嵌灯的位置、数量与角度皆经过精心设计，能
提供充足光线，并衬托出进口壁纸表面的金属
质感。
图片提供 © 舍子美学设计

070

071 + 072 光线与空间属性的互动

在面积极其有限的空间里，设计师以折曲平面的手法区隔空间，厨房与卫浴共用走道，将卫浴隐藏在廊道下方，同时在两处区块设置不同的照明设备，不同色调的光线使各区界线更为明确，并能满足各区空间不同的需求。

图片提供 © HRuiz-Velazquez Archietcure and Design

073 格子桌灯有趣，法国立灯经典

一楼有来自户外的光线，舍弃设置主灯，改以嵌灯及装设在天花板里的间接照明作为主要照明。白天无需开灯时，可以充当咖啡桌的格子桌灯好似与主人大玩光线游戏，而沙发则有落地灯，提供阅读时所需的光线。

图片提供 © 奇逸空间设计

071

072

073

074 线性式吊灯营造用餐的舒适情境

在原本开放式的空间里，客厅、厨房和餐厅分别以电视墙和壁柜作为隔断，因此在灯光照明上也对应空间设计。餐桌需要舒适的用餐情境，但餐桌紧邻中岛形成延伸范围，因此采用单一线性式的吊灯，既不投射过强光线，又不会造成每个台面各自成域，也不会流于空间太过复杂的观感。

图片提供 © 近境制作

075 粗犷工业风居家的实用照明

工业风的居家中，天花板不做任何修饰，整体空间呈现粗犷有味的质感，照明设施因而以简单大方为主，在横梁处设置向上打光的间接照明，一方面凸显水泥与裸露管线的原始感，同时也提供了柔和的均质光线。而各区块的光线需求则由吊灯等局部照明辅助，看似简单却能满足所有照明需求。

图片提供 © 无有建筑设计

076 简洁精准的灯光布局，随时调整气氛

开放式格局延伸视觉感，并未刻意区隔客厅与餐厅，既维持了整体感，也保留了使用弹性。分布均匀整齐的盒灯是空间中最主要的光源，搭配局部的间接照明，可以依屋主需求，随时调整空间照度与气氛。

图片提供 © 非关设计

077 降低灯光垂挂高度，提供良好照度

考虑空间和使用需求，在一家人共同使用的复合式长桌上方，选择一盏简洁的长形吊灯作为主灯，其悬吊高度降低至160~180cm，约为一般人的视线高度，也不会撞到头。

图片提供 © 隐巷设计

074

075

076

077

078 打造清爽的餐厨空间

烹饪时难免有油烟，因此易于清洁也是开放式餐厨照明设计的重点，所以设计师在此设置的光照设施以平面型为主，水槽上方的吊柜底端有光带。因应清洁需求；中岛吧台相当靠近烹饪区，所以也舍弃了常见的吊灯，改采简易嵌灯，以避免油烟污染，是相当贴心的设计。

图片提供 © 相即设计

079 采光良好空间的照明配置

顺应空间的基本条件，并使之发挥得更为完备的功能，是居家设计的重要概念。在采光良好的空间里，设置风琴帘调节自然光，作为基础照明；由于空间以明亮的白色为基调，所以人工照亮也无需太复杂，在各区块设置专属的照明，让人在舒适的光线下使用空间。

图片提供 © 虫点子创意设计

080 以灯具界定区块属性

很显然，空间中担任主要照明是嵌入天花板的盒灯，简约的方形线条与充足的光线，让整体空间呈现出明亮大方的舒适感。球形的玻璃镜面吊灯在一体成型的环境中，以柔和的光线，区隔出用餐区域并渲染了氛围，构成一种隐形的隔断。

图片提供 © 非关设计

081 天花板条块状光束照亮吧台区

空间色调以黑白对比为主，在吧台区上方的天花板，设计师规划了条块状的白色光源，与吧台造型呼应。白光条块形状不规则，但总体面积够大，能提供足够的亮度，所以吧台区就以此为照明，不再设置其他灯具。

图片提供 © 铮峰国际设计

功能作用

082 造型流明天花板提供灵活照明

开放式餐厨空间，用餐区以中空板来打造大片的流明天花板。整个造型天花板就是大型灯具，仿若风车状的不对称切割，边框镶嵌了数盏LED灯。流明天花板能提供均质的白光，边框镶的LED灯则为局部打亮的聚焦光源，两者可弹性地进行切换，视状况单用或搭配使用。

图片提供 ⓒ 大雄设计

083 一种灯具的多种可能

意大利设计师设计的90cm长单灯管通常应用在书房与办公室。但灯具的配搭应该是灵活而弹性的，不应被原有的功能设计所限制，寻找真正符合需求的使用模式才是正道。设计师因应屋主需求调整安装方式，将灯具化身为柔和的间接照明。

图片提供 ⓒ 德力设计

084 简约轻洛夫特 (Loft) 风居家的照明配置

简约轻Loft风的客厅给人一种质朴的感受，配合此调性，照明的设置也不宜太繁复。因此，空间中并无太过显眼的灯具，只在局部天花板装设小型嵌灯，提供沙发区照明；裸露天花板中央设置筒灯，提供基础照明，看似简单，其实相当实用。

图片提供 ⓒ 虫点子创意设计

085 柜体间接照明与吊灯照亮用餐区域

格局相当特殊的居家，一进门就是餐厅，所以此区块光线必须充足，以供入门行进与用餐之用，因此，特别在吊柜下方设置具有透明光感的间接照明，提供基础照明，并辅以造型吊灯，随时可补充光线。

图片提供 ⓒ 大晴设计有限公司

082

083

085

086

087

088

086 因应各项实际需求配设光源

在略偏长形的空间中，舍弃大型单体照明设备，改以规律性的小型嵌灯作为主要照明，以有节奏的层次感凸显壁面质感，并满足各区域的照明需求。半开放式隔断让光线流通，视线舒畅，并搭配高机动性的立灯，满足各项照明需求。
图片提供 © 虫点子创意设计

088 多种光源满足阅读需求

阅读空间需要高品质且多样化的照明，此间恰好有绝佳的采光，因而搭配了风琴帘，可供调控光线之用。书桌斜后方的间接照明与深色木皮营造出沉稳的气息，前方的嵌灯与座椅旁的立灯，为阅读时提供主要的光线。书柜也设置了照明，让书籍更具吸引力。多种光源交互搭配，让人在此能自在地阅读。
图片提供 © 相即设计

087 为空间提供最低限度的温暖照明

为了将焦点凝聚在砖墙上，所以天花板上不装设太抢眼的灯具，只在天花板侧边做偏黄色的间接照明，提供温暖而足够的基本光线，并搭配立灯与柜体下方的投射灯，光源设计看似朴素单纯，但其实是最低限度而实用的精心设计。
图片提供 © 奥纮空间设计

089 镶嵌玻璃引光，呈现明亮密室

位于楼中楼的小孩房没有对外窗，为了避免空间过于密闭，左侧墙面镶嵌玻璃，引入来自客厅的自然光。特别设计的造型床墙，绿色壁纸与右侧衣柜相呼应，墙面几个不同规则造型的内凹空间加入嵌灯，提供舒适的照明，还可用来陈列小物。
图片提供 © 艺念集私空间设计

089

090 用桌灯作为餐桌照明

不同于一般餐厅餐桌上方以吊灯作为照明装置的惯例，此处为了不影响从客厅延伸至餐厅的完整性与大气感，由4块银灰洞石拼接成大片石墙，特别以少见的桌灯当做主要照明，金属灯框穿过灯罩中央，将灯罩一分为二，与石墙纹路同样具有对称的美感。

图片提供 © 墨线设计

091 活动式铁架灯让空间使用更自由

书房里有一块卧榻区，在不做明确隔断的前提下，想与其他区块区隔，灯具就成了最佳的选项之一。因此，设计师特别选用了带有工业风的黑色铁架灯，此灯从轴心延伸出去的蛛脚状细铁架可自由活动，在划分区块的同时，亦满足了各种临时性的需求。

图片提供 © 橙白室内装修设计

092 日式乡村风家居的舒爽照明

老屋改建的居家以日式乡村风为设计概念，以格栅划分区块，以协调空间整体调性为主。照明设施方面，也采取清爽明亮的设计，玄关区以间接灯光提供基础照明，各区块以嵌灯提供实用的局部光线，用餐区则加设造型吊灯凝聚焦点，光线之间呈现相当和谐的美感。

图片提供 © 芽米空间设计

093 照明可依照日夜分段控制

书房空间的照明设计着重于提供舒适的阅读亮度，尽管空间具有双面采光，但白日仅依赖太阳光照明尚且不足，入夜后若只是依赖局部照明，亮度更是不够。因此，设计师在天花板设计了3条带状灯沟，避免白光直接洒落太过刺眼，辅以桌面上方的嵌灯，可依照白天黑夜需求分段开启。

图片提供 © 艺念集私空间设计

090

091

092

093

094 通过光线来展现空间的纯净

60m² 小宅，临中庭的采光面选用白色细纱帘搭配略透光的风琴帘，夹层护栏则为透明玻璃，清透材质让天光得以深入屋内。全室不设主灯。挑高客厅仅在天花板镶嵌卤素灯，通过精致光线来营造氛围。长 3.6m 的大吧台是空间主角，外包压克力灯罩的 LED 灯提供了舒适的基础照明。通往楼梯的地板抬高，边缘的 LED 光能带凸显地面变化。

图片提供 © 宽引设计工程

095 三重照明，满足对光线的强烈需求

由于屋主喜欢光线充满室内的感觉，但如此一来，有时难免显得刺眼，尤其是需要放松的用餐区与客厅，太强的光线将令人不适。因此，设计师设置了间接照明、嵌灯与餐桌吊灯及客厅立灯，既能满足对光线的强烈需求，又能在需要放松的时刻调整光线。

图片提供 © 甘纳空间设计

096 简洁便利的梳妆台灯光

甜美浪漫的粉红色卧房，局部采取投射灯照亮整个空间，并因应屋主需求规划一张简洁的梳妆台，在层架下方设置嵌灯，补足梳妆时所需亮度，虽造型简单却相当方便使用。

图片提供 © 怀特室内设计

097 吸顶灯拉高楼层、简单大方

简洁利落的室内设计风格，少不了简单却经典的灯光搭配，若是要求保留高楼板的空间感，吸顶灯具则是必备的选项之一。冷光吸顶式灯具，具有可调光功能，让照明拥有多样变化，而大方的造型用在公共空间，更是相得益彰。

图片提供 © 禾筑国际设计

097

098 高实用性的明亮空间

狭长屋形仅前后采光，日照不足，设计师因而采用开放式设计，让客厅与餐厨之间无明显隔断，使光线得以自由流动，相互提升亮度。设计师在不同区块采用不同的灯具，以界定各自属性，如烹调区的嵌灯与用餐区的吊灯，可随需自由运用。

图片提供 © 观林室内设计

099 利用夹层藏灯走线

面积不大的单身小套房，利用Π形橱柜结合吧台，形塑出餐厨空间，满足屋主在吧台上惬意用餐的需求。为了争取空间，设计师将厨房上方空间切割成为休憩用的夹层，利用夹层下方镶嵌光源，提供料理工作台面适当的照明。

图片提供 © 长禾设计

100 厨房吊柜善用隐藏式光源

考虑到屋主偏爱美式拼布风格，设计师在厨房特别选用意大利花砖呈现拼布画面，在吊柜装设隐藏式光源，即使屋主切菜、洗碗时也能享有充足光线，而且所有厨房灯具开关集中在花砖壁上，如此一来也能养成居家节能省电的良好生活习惯。

图片提供 © 采荷设计

101 辅助照明的镜面材质

因挑高以及空调管线配置，将餐厅上方的天花板下降，并在梁下贴覆镜面，安置日光灯管以及3盏吊灯，同时兼顾挑高以及提供餐厅桌面的间接照明，借助镜面让桌面的光线也可反射到天花板，倍添用餐风情。

图片提供 © 德力设计

098

102 可调整式吊灯更贴近使用功能

开放式的餐厨区域，利用高低落差、色彩差异和虚实对比方式，将中岛吧台与餐桌结合，并划分各自位置，中央规划 4 盏工业风格吊灯，可随屋主使用需求调整其照明位置。天花板则做不同层次切割，再打上间接照明，与餐桌吊灯呼应。

图片提供 © 界阳 & 大司室内设计

103 无主灯客厅更彰显大气品位

纯白色北欧风的客餐厅与开放式书房，舍弃间接照明搭配主灯的惯见手法，改用 L 形间接照明加小嵌灯，让平日习惯在自宅工作的屋主也能享有明亮灯光。客厅与书房不设主灯，选用立灯会更灵活；餐灯为球形吊灯，能有效添氛围。走道等处的天花板镶嵌无边框的方形盒灯以补足亮度。

图片提供 © 宽引设计工程

104 黑色灯槽隐性界定空间属性

客厅往内的过道上端，以嵌灯的设定引导动线，而自左侧延伸贯穿整个厅区的双连灯盒，内部特意的黑色处理，强化天花板轴线的关系，也借此作为客厅、餐厅的隐性界定。至于角落立灯，在此处的装饰性大过于功能性，亦可弹性移动使用。

图片提供 © KC Design Studio

105 床头壁灯增加人与人的对话机会

床头壁灯不但是床前阅读最好的伙伴，也是半夜起床，找眼镜、找手机、上厕所的必需品。在洁净无瑕的床头背板上安排两盏纯白简约的壁灯，不只完全融入房间舒适的场景，更为男女主人创造睡前谈心、阅读的氛围，以及提供夜里的紧急照明，让两人的感情升温，生活更加便利美好。

图片提供 © 明楼室内装修设计有限公司

106　间接照明让卧房好舒眠

安静的睡眠空间，照明设计上仅在天花板四周藏入间接灯光，经过层板折射而出光线，显得更加柔和，营造让人放松的睡眠环境。特别在化妆桌上方设计嵌灯，为女主人在化妆时，提供足够的光线。将光线打在镜面上，方便清楚观察肌肤状况，也更能注意腮红、眼影的显色程度，避免妆容过浓或过淡。

图片提供 © 明楼室内装修设计有限公司

107　内敛的明亮让空间使用更便利

折叠门是最灵活的隔断之一，依比例切割成数个门片，让空间充满律动趣味。框架内用磨砂玻璃柔和光线，让穿透玻璃的光能维持足够亮度，能恰如其分地呼应电视墙与主墙的灯光，而不致刺眼，让整体空间明亮而内敛，能随心所欲地利用。

图片提供 © 德力设计

108　解决通风、采光与动线的天井活用术

原本地下室空间阴暗且通风不良，设计师在原有天井加上铁件格栅，除了可增加一楼厨房的活动面积，也能达到透气效果，解决地下室严重潮湿的问题。夜间，下方壁灯的光影穿过格栅投射在厨柜上，也形成美丽的装饰效果。

图片提供 © 郭璇如室内设计工作室

109　多种灯具满足多功能的空间

餐桌即工作桌、书桌的安排，以及将走道融入餐厅的设计，把餐厅变成多功能的空间。在拥有展示功能的书柜背景墙前端，分两区嵌入4盏嵌灯，选择书籍时可提供充足光线，也可作为走道照明；另一侧的展示背墙，在素净的墙面搭配投射灯，让挂画成为主角；餐桌上的吊灯选用可调整光线明暗及照明范围的灯具，适应阅读与用餐两种不同需求的亮度。

图片提供 © 馥阁设计

106

颇为宽敞的客厅，使用功能也相当多元，因此必须配置多种光源以配合不同的需求。设计师首先以层板包覆横梁并间接照明，为客厅提供基本的照明，再以造型吊灯呼应空间的华丽质感，并装设嵌灯让各个小区块能随需使用，用3种不同的光源让客厅功能更完善。

图片提供 ◎ 铮峰国际设计

居家不做天花板覆盖梁柱与管线，而是借助大量C型钢连接整个空间作为灯槽使用，再装上几盏轨道灯，提供照明，也方便随家具移动或喜好调整灯光位置。餐桌上方吊挂两盏屋主自行购入的工业风格吊灯，共同打造出略带复古质感的美式风格居。

图片提供 ◎ 怀特室内设计

用餐区与阅读区共用同一空间，两种活动可以共用部分光源，但有时也各自需要不同的光线，因此，设置了两种不同的光源，书柜区的轨道灯光线均质且低调，让人能静心看书；餐桌兼书桌则设置利落的造型吊灯，有助于集中精神。

图片提供 ◎ 甘纳空间设计

卫浴空间着重安全与功能，因此除了嵌灯作为全室照明外，面盆上另设置投射灯，面盆下亦配有日光灯，让盥洗区有足够的照明。淋浴区与走道则基于安全考虑，分别以嵌灯以及走道壁灯作为辅助照明，大大降低因视线不清而发生意外的可能性。

图片提供 ◎ 珥本设计

113

功能作用

114

115

116

114 争取高度，利用客厅天花板侧面借光

挑高 3.6m 的客厅，夹层书房上方不再设任何天花板，以争取最大舒适高度。因此，夹层采用半高造型墙隔，借助客厅天花板的厚度设计了侧面光源，提供阅读所需照明。而书房柜体使用 50% 平光漆，可隐约反射光线，打造出功能与美感兼备的书房。

图片提供 © 邑法室内设计＆装置艺术

115 戏剧感多灯泡壁灯，点亮盥洗空间

屋主对于戏剧化的多壁灯化妆室十分向往，设计师特地将这种壁灯设置在盥洗区，其粗犷的质感与周遭设施形成张力，同时耀眼的光线也使盥洗空间通透明亮。

图片提供 © 甘纳空间设计

116 极简线状嵌灯提供浴镜照明

在这间颇具规模的浴室内，设计师在灯光安排上不只以嵌灯提供空间照明，同时延着浴镜嵌入线条式的灯光设计，可用来补足盥洗时的主要照明需求。同样手法的线条式光源继续延伸至浴缸区，两处因灯光线条的串联让浴室更有设计感与放大空间的效果。

图片提供 © 成舍室内设计‧工程

117 利用镜面反射主要光线

吸顶灯嵌在淋浴区与洗手台之间，让两边都可接受光照，是卫浴间的主要照明。墙面置物柜至顶，柜体的镜面可反射吸顶灯灯光，增加空间亮度；下方亮面、雾面交错的金属马赛克拼贴，经柜子下方的小灯照射，有层次变化的美感，也可使洗手台不受墙面置物柜阴影的干扰。

图片提供 © 只设计‧部室内装修设计

117

118 层板、间接照明与嵌灯共构用餐区的独特照明

采用开放式设计的餐厨空间中，由于烹调区域与用餐区正对且相邻，所以舍弃用餐区常见的造型吊灯，改以黑色层板、嵌灯与间接照明共同构建独特的光源结构，兼顾用餐区光线的造型与实用度。

图片提供 © 芽米空间设计

119 幸福"红丝带"将造型与功能结合

屋主买下这栋房子作为送给家人最好的礼物，也是幸福的象征。设计师于是运用"礼物"为整体概念，以包裹礼物的红丝带贯穿整个空间，沿线嵌入灯光补足过道空间的照明亮度，将造型与功能结合在一起。

图片提供 © 品桢室内空间设计

120 三角柜与天花板照明结合

使用三角柜的家具，利用方向性定义了客厅休憩区与餐厅，而天花板也循着量体设计间接照明，搭配局部带状灯沟，将几何趣味性串联起来，同时也提供各区域所需的气氛，并重点搭配台灯、吊灯，补足阅读所需要的灯光照明。

图片提供 © 养乐多 _ 木艮

121 天花板嵌灯与吊柜照明兼顾情调与功能

天花板设置嵌灯，让长形走道维持足够亮度，提升住家的安全性。而柔和的黄光予人温暖的感觉，同时兼顾了居家的功能与情调。走道吊柜下方有一小块可灵活运用的空间，因此在吊柜下方设置了照明，一方面补充走道光线，一方面为日后的其他用途预留足够的光源。

图片提供 © 德力设计

118

122

124

123

122 气氛灯中隐涵人性思维

局部垫高地板加上水管灯，打造出钢琴舞台，将屋主的兴趣融合在空间之中。天花板弧形灯沟可搭配线帘，必要时可区隔书房，成为独奏的浪漫背景。沿着灯沟安装的投射灯，提供演奏者读谱的照明。与书房连接的书柜背墙使用砂岩打造，因此特意不让层板贴墙，让上下间接照明可以串联，制造光影效果以衬托展示品。

图片提供 © 宽月空间设计

124 低矮隔屏的辅助照明

辅助照明除了补足整体空间光照不足外，同时也是空间的视觉焦点。因此，特别在低矮隔屏内嵌 LED 灯条，凸显壁砖的立体感，提高空间亮度之余，也令空间更具美感。为了不造成动线的困扰，隐藏的灯盒宽度仅 5cm，以方便清洁或更换灯管，兼顾实用性与便利性。

图片提供 © 德力设计

123 以局部照明取代顶灯，环保又实用

颠覆居家空间常见的以顶灯为主灯的模式，设计师在居家空间中设置局部光源的照明，让空间各个区块只在必要时才提供照明，整体空间也不致有刺眼感，既随时满足需求，又兼顾环保节能。

图片提供 © 无有建筑设计

125 过渡空间的光影变化

过渡空间的端墙，将照明、展示与收纳结合在一起，通过柜体的安排与切割，不仅可以用来收纳不同的物件，也成了奇趣的展示平台。色调稳重的柜底漆面，加上柜内隐藏的间接照明，更能凸显展示品，同时也是廊道的动线引导。

图片提供 © 长禾设计

125

126 点状光源幻化多元光影

造型简洁的居家橱柜，在上柜下部加入 3~4 盏
5W 的 LED 灯，提供女主人烹调时充足的照明，
特别运用毛丝面不锈钢替代常见的玻璃，既达
到降低预算、防水性佳、容易清洁的效果，借
助光线相互反射，点状灯光照射到台面时，也
创造多元的光影效果。

图片提供 © 隐巷设计

127 兼具美感与功能的主灯运用

天花板四周的壁灯用来营造气氛，而厨房主要
照明则依赖 3 盏吊灯，餐桌上的主灯选用水晶
灯，其时尚且奢华的造型，颠覆一般水晶灯的
古典印象。此外，特别设计的餐柜，背墙使用
玻璃材料，而不规则层板内亦嵌入照明灯，可
打亮平台上陈列的收藏品。

图片提供 © 艺念集私空间设计

128 以光线界定空间并满足各项需求

客厅、餐厅之间并无隔墙，仅以屋顶横梁为界，
但横梁又予人压迫感，所以设计师以由高处往
低处打光的特殊手法设置间接照明，将界定空
间的话语权由横梁转向灯光，同时均匀的灯光
为空间提供基础照度，并辅以天花板嵌灯，全
面满足各种光线需求。

图片提供 © 相即设计

129 兼具美感与实用性的压克力层架

不锈钢制成的餐桌于玻璃桌面与桌体中央内嵌
LED 灯，让光线能自然从餐桌透出，别具特色。
在餐厅侧墙定制 3 条厚约 2cm 的长形压克力板，
作为简易层架，并利用材质透光特性，在墙面
内嵌 LED 灯，提供屋主收藏品摆放的位置，也
能因应使用需求为空间补光，兼具美感与实用
功能。

图片提供 © 界阳 & 大司室内设计

130 根据生活需求设定照明种类

主卧室采用开放式设计，配置睡寝区、卫浴区、更衣区，照明规划便以功能为依据，床头两侧以温暖柔和的光线，提供阅读照明，盥洗台面则是通过天花板下的格栅洒光线，提供明亮舒适的照明，往左的衣柜部分则设置方便寻找衣物的嵌灯。

图片提供 © KC Design Studio

132 享受亲密用餐时光

以吧台围塑的厨房，将炉台直接设在 L 形台面上，让屋主一家享受亲密的用餐时光。就灯光设计上，设计师在平封天花板连续安装嵌灯，提供料理时所需的照明，而在餐台上则增设两盏金属的红色吊灯，可打亮菜色，让桌上的美味更加诱人。

图片提供 © 养乐多 _ 木艮

131 定制压克力灯创造一灯多用的功能

在客厅神明桌前方，利用一根根厚度约 1cm 木条制成的格栅，穿透性强；旁侧鞋柜与神桌下方分别嵌入一块 4cm×6cm 公分的压克力条，后藏灯光，可作为壁灯、夜灯或是情境灯光使用，并在柜体预留散热和维修孔，为居家照明增添更多可能性。

图片提供 © 隐巷设计

133 壁灯满足小空间照明

位于楼梯下方的厕所高度受限，天花板设置很低，若使用吸顶灯人容易撞到，因此设计师采取壁灯照明，以弥补先天不足，墙面以瓷砖、腰带，加上防水漆手抹墙组成，在扩散式灯光照射下，手抹墙凹凸面展现更多变化质感。

图片提供 © 采荷设计

130

135

134　椅子与灯具结合，让功能加倍

玄关的鞋柜旁，运用旋转五金将一盏高尔夫球灯与L形椅结合，制成收纳式穿鞋椅，不使用时，椅子即能转入鞋柜下方，并为玄关增添更多明亮感，成功为灯光与功能使用，提出不一样设计想法。

图片提供 © 怀特室内设计

135　随心选用的多种光源，自由且实用

卫浴空间的照明是居家安全不可忽视的重点，在收纳柜下方装设日光灯辅助照明，光线通过面盆的反射，可以营造出宛若自然光的效果。至于在天花板上与面盆柜下方安装LED嵌灯，使得整个空间更为清晰，更具设计感之外，也为使用者提供了更多的光源选择，可依需求随时调整。

图片提供 © 德力设计

136　用布幔遮蔽灯体创造柔美感

因为卧房位于透天厝的顶楼，但屋顶却非一般的平坦，而是略微倾斜。所以在照明设计时，设计师特地运用布幔遮蔽吊灯。一方面使得灯光能变得更为柔和，增添浪漫气氛；另一方面也能淡化屋顶的特殊状况。配上顶端的气窗透出自然光，让天花板的层次更为丰富，且清晰不刺眼。

图片提供 © 明代室内设计

137　强化明亮与聚焦动线

浓郁的北欧风格住宅，由于屋主偏爱明亮的生活氛围，因此设计师特别在天花板内装设间接灯光，同时因天花板造型自客厅一路延伸至后端书房，照明亮度也衬托出L形天花板结构。此外，客厅上端的吸顶灯扮演聚焦、引导动线角色，沙发上方嵌灯则是主要的阅读辅助照明。

图片提供 © KC Design Studio

137

功能作用

138 板形吊灯高度因应实用需求

配合烹饪时对光线的强烈需求，特别在料理台上方设置大型板形吊灯，以利随时观察料理状况。吊灯的吊挂位置也是相当重要，不能太高，以免失去加强照明的功能，甚至造成背光的反效果；亦不能太低，以免眩光刺眼或是撞到头部，必须略高于视线并稍微内推，才能既实用又安全。

图片提供 © PS百速｜设计建筑

139 床头一盏吊灯的多重功能

老公寓的卧房，沿窗以木作打造长台与修饰横梁的矮天花板；天花板镶入 LED 嵌灯，提供此区在夜间的基础照度。墙面装设一盏可折放悬臂的托勒蜜（Tolomeo）灯，不占空间又能提供适当的阅读照明。睡眠区拆掉了上方的造型天花板以保留原始高度。全室的基础照明，用一道ㄇ形深色灯盒内嵌日光灯的方式来提供。床头一盏高尔夫球吊灯（Castore Sospensione）兼当壁灯，也是开门端景。

图片提供 © 宽引设计工程

140 善用照明来定义空间主题

客、餐厅与和室连成一个宽敞空间；通过天花板的照明来定义各区。餐厅的轨道灯与吊灯界定出中岛吧台与餐桌，并带来温馨感。电视后方的和室，格栅天花板内藏多盏灯，透过木梁洒落的光线显得更沉稳。客厅沿落地窗打造架高木平台，好让自然光入室；人工照明则简化为嵌灯，以展现原木本貌，书架前方的两盏投射灯可补足光线。

图片提供 © 大雄设计

138

139

141 藏好灯光，打造明亮好用的生活居家

考虑主人偏爱简洁的空间设计，设计师于是将大部分的灯光都隐藏在天花板、橱柜或是柜体之中，提供空间足够明亮的同时，也保持其整洁视野，并能依据使用需求轻松调整空间明暗。餐桌上方特别挂上一盏吊灯，借此增添用餐情境。

图片提供 © 隐巷设计

142 欧风床头壁灯，让睡前的可能性更多元

整体住家的空间设计以简单的现代风为概念，但在卧房区却略带浪漫的调性，加上屋主睡前有阅读或其他活动的需求，特别选用了造型典雅、垂坠水晶串珠的壁灯，光线透过紫丝灯罩射出，呈现出明亮而温柔的光感，提供充足且不过强的光线，让睡眠区块的活动更多元。

图片提供 © 橙白室内装修设计

143 善用照明，把握畸零空间

因为屋子梁柱关系，使得卧房一角有斜切面的墙壁，在尴尬的空间中，设计师打造了一个非矩形的书桌，以及顶端一座沿斜切面墙装设的置物架，多争取一些收纳空间。又因为书桌小到无法放置台灯，所以在置物架下方嵌一支长形日光灯，提供桌面照明。

图片提供 © 只设计·部室内装修设计

144 层板下藏灯光更方便使用

木质感的更衣室中，除了天花板顶灯外，并特别加厚上方层架至8cm，在层板下方以半吊挂手法藏入灯光，既美观，又容易清洁和维修，也有效解决屋主拿衣物时，容易背光、阻挡光线的问题，更方便日常使用。

图片提供 © 品桢室内空间设计

141

144

145

146

147

145 绿色住宅的照明设计

在环保意识盛行的当下，以节能为核心的绿色住宅成为居家设计的趋势，但居住环境中的光照需求仍然不可缺少。因此，设计师一方面特别多开窗采入天光，尽量减少人工照明的使用；另一方面采用亮度充足且低能耗、长寿命的 LED 灯作为人工光源，规划出能同时满足生活基本需求与省电节能的绿色住宅。

图片提供 © 考工记工程顾问有限公司

146 科技让睡前阅读更舒适

对于喜欢睡前阅读的屋主来说，床头照明相当重要。这款可自由选择照明方向的 LED 阅读灯，符合舒适以及环保的多项要求，也不会过烫，轻薄利落的造型毫无压迫感，加上触控式控光设计，无论是睡前的松弛身心或利用零碎时间阅读，都能满足需求，相当适合床头灯使用。

图片提供 © 德力设计

147 LED 灯和吊灯搭配互补

梳妆台的吊灯搭配 LED 灯，其镂空花色吊灯热情强烈，LED 灯光线平淡朴质。由于整间卧室都是小碎花壁纸、窗帘，易让设计感欠缺个性特质，所以灯具造型愈简单愈能发挥画龙点睛的作用，又能具备实用效能。

图片提供 © 采荷设计

148 夜灯与投射灯共照的明亮空间

用木质天花板界定餐厅区域，内嵌 3 盏投射灯，光线较强，能照亮餐桌与开放式厨房延伸过来的吧台。电视墙对面的夹纱玻璃，与和室区的活动拉门有着一致性的设计感，而拉门旁的圆形小壁灯除了作为空间辅助照明外，也可作为家中的夜灯。

图片提供 © 只设计·部室内装修设计

148

功能作用

149 各式光源相互搭配，提升空间功能

居家生活中有各种不同的形态，对于光线的需求当然也有所不同，若只有单一光线，难免显得生硬且无法满足需求。因此住宅内装设照明除了提供足够亮度之外，也必须让人能随不同的需求挑选不同的光线，如嵌灯提供普遍式光线，吊灯将焦点集中在特定区域，LED 光带为空间营造表情等。各式光源交互搭配使用，让光线与生活更紧密结合。

图片提供 © 欧斯堤有限公司

150 吊柜结合照明，营造良好书写环境

为了让书房更富实用性，设计师在收纳吊柜下方隐藏配置日光灯作为可移动书桌的主要光源。在天花板安装 LED 投射灯，补足并强化书桌桌面的光线；走道则镶嵌了壁灯，让行进之中变得更安全。

图片提供 © 珥本设计

151 利用镜柜反射光线与节省空间

在浴室天花板上装了嵌灯照明，同时为了节省空间，又将收纳柜做成镜面，如此一来，既可以照仪容又可以反射天花板上的光线。镜柜底部嵌上灯管照明，使洗脸台不会受到柜子的阴影干扰。

图片提供 © 杰玛室内设计

152 简化光源让生活回归单纯

房子的采光条件好，白天十分明亮，因此室内以最基本的灯光配置，提供每一个区域足够的照明。电视墙面上端亦藏设间接灯光，作为夜晚的辅助照明，沙发旁的吊灯位置十分特殊，可提供阅读照明，也成为玄关进入屋内的端景。

图片提供 © KC Design Studio

152

153

153 多种光源提供端景、用餐需求

将厨房隔墙拆除，与客餐厅形成宽敞开阔的动线配置，并针对不同物件、使用行为规划光源，例如悬浮柜体下方隐藏射灯，可让柜子看起来轻盈许多；墙面则搭配轨道灯，烘托画饰质感；另外吧台嵌灯、餐厅吊灯设计，满足基本的光线需求。

图片提供 © a space.design

154 风格灯具为空间画龙点睛

原本独立的两个房间，依照屋主需求设定为更衣区与睡眠区，而两者的隔墙刻意不做满，不仅具有良好的双动线，也能维持两空间的采光一致，呈现灯光的最大效果。人工照明则运用质感较细腻的主灯、立灯、台灯，为整体装饰风格与实用性画龙点睛。

图片提供 © 邑法室内设计＆装置艺术

155 分割轴线创造明暗光影

餐厅旁以一面开放式展示柜，满足屋主热爱收藏的嗜好，在平均宽度的间距下，设计师特意让光线间距呈现不同比例，也使得光线自然地形成明、暗光影效果。而餐桌上的吊灯、客厅区域的嵌灯则具有聚焦的作用，前者带出料理的美味，后者凸显未来增添的墙面挂画。

图片提供 © KC Design Studio

155

156 适应各种生活功能的光源

灯光是生活功能中极重要的一环，在不同的区域，设置不同的灯光，才能够充分发挥灯光在居家空间的作用，所以光源的适用性也是设计师考虑的重点：在以会客为主的沙发区，采用柔和的壁灯与立灯；廊道空间以指向性的嵌灯为主，并在端点打上发散性灯光，以达开阔视线的效果。

图片提供 © 沈志忠联合设计│建构线设计

157 嵌灯与轨道灯的变化运用

以木格栅装饰梁柱，并界定客厅与餐厅区域，两处天花板上都装设吸顶灯，但木条会将吸顶灯散发的光束聚焦，使餐桌可作为阅读区域。而客厅电视墙后方玻璃设一间接照明的圆灯，作为拉开柜体抽屉的照明之用。在右方灰镜墙面上方设置轨道灯，灯体可以在轨道上移动位置，灯罩又可调整照射方向，机动性高。

图片提供 © 只设计・部室内装修设计

158 在天花板空隙的柔和光线

在因包覆梁柱而将天花板降低的卧室最角落，留下梳妆台兼具书桌的桌面，正上方的天花板刻意不降低，反而挑高像是开了天窗。在天花板空隙装上间接照明，让室内一角闪出柔和光芒，但因为书桌照明强度要足够，所以在书桌左侧还是摆设台灯，以利阅读。

图片提供 © 只设计・部室内装修设计

159 均匀光线提升柜体质感

小孩房内的多功能柜体层板后方搭配的LED灯，以均匀明亮的光线，衬托出层板的分割线条，让柜体的精致度、质感大为提升，也化解了柜体的压迫与单调感。

图片提供 © KC Design Studio

156

161

162

160 偏轴吊灯将光线扶"正"

面对公寓型、天花板高度偏低的居家，为尽量降低空间的压迫感，仅局部利用一道黑色夹板收梁；同时，考虑横梁位置略偏，利用一盏偏轴的布吊灯，将灯光自旁侧拉至餐桌中心，以符合使用功能却不失个性。

图片提供 © 隐巷设计

161 玻璃室引入阳台气氛造景

一楼厨房对外的墙面改为落地窗，并将天花板局部改为玻璃，打造采光良好的玻璃室，白日可享受温暖明亮的自然光。入夜后，花园低台度的照明与镂空地板渗透的灯光，可为餐厅增添气氛，厨房工作台面上方的平封天花板，则加入嵌灯提供料理时照明。

图片提供 © 郭璇如室内设计工作室

162 让居住者更为舒适的投射灯设置

住家空间的设计除了要考虑视觉美感与品位展现之外，居住者的习惯性与便利性也是绝对不可忽视的重点。在卧房投射灯的设计上，设计师细心考虑到了居住者视线的舒适度，特地让光线往左右壁面照射，既能提高亮度、营造聚焦效果，也不会过分刺眼。

图片提供 © Simone Micheli Architectural Hero

163 利用低色温引导回家情绪

从车库上来的楼梯间使用色温为 3000K 的吸顶灯，偏白的灯光可提供清楚明亮的安全照明。转进客厅后，整体色温降至 2700K，将整体氛围切换到舒缓的空间氛围，转化情绪。客厅区采用组合式的灯光，不仅各自具有功能性，还可依照需求切换空间情境。

图片提供 © 邑法室内设计＆装置艺术

163

164 点点灯光照亮整体居家

在玄关与客厅交接处，运用一L形灯光修饰墙面与梁柱位置；空间主灯则考虑整体素净、无特殊造型的天花板设计，利用4盏投射灯替代一般嵌灯，再利用桌灯、立灯和不同面向的间接照明，各司其职地补足空间所需亮度，却不显单调。

图片提供 © 界阳＆大司室内设计

166 用照明完善盥洗区的功能

带有些许海洋风情的卫浴盥洗区，以个人日常清洁为核心功能。因此，照明设计方面，考虑以亮度足够并呈现清爽感，故不采用特殊的灯具，直接在洗手台上方设置间接照明，让镜子更显明亮且略带层次感，也让人能更方便清洁。

图片提供 © 橙白室内装修设计

165 为卫浴空间设置适用、舒适的灯光

由于卫浴空间中设置了大面积的镜面，折射效果相当明显，所以光源设置必须单纯，以避免刺眼感，仅在天花板设置简单嵌灯，就能恰到好处地点亮空间。同时在浴缸上装设造型可爱的吊灯，可在泡澡时提供舒适的聚光效果。

图片提供 © 虫点子创意设计

167 嵌灯引导廊道视线

极具未来感的居家里，开放式的餐厅和厨房以彩色LED光带与镜面相互映射，提升使用功能。同时为了使动线更加清晰，并提升行进时的安全感，特别在廊道空间处的天花板设置明亮的嵌灯，一方面补足亮度，一方面指引视线，使空间功能更趋完美。

图片提供 © Simone Micheli Architectural Hero

164

功能作用

168 功能与情境兼具的灯光设计

位于主卧的卫浴空间，将收纳隐藏在墙面壁板。为配合屋主对于营造情境的讲究，设计师特别在面盆、水龙头、壁面等处皆设计光沟，或利用凹槽做多面向打光，可调色的七色 LED 灯，能随心变换不同情境氛围。

图片提供 © 界阳＆大司室内设计

169 梳妆柜的照明设计

为了满足实用需求，特别定制了上下柜设计的梳妆柜，上柜的下方配置了日光灯照明，上下柜间贴覆明镜，明镜上方特以局部磨砂处理，巧妙地遮掩了灯管，同时也柔化了可能略为刺眼的白光。搭配木纹与绿色的内侧柜面，显得温润有质感，让屋主在此梳妆时能拥有足够的亮度与愉悦的心情。

图片提供 © 德力设计

170 格栅天花板照明让盥洗空间通透明亮

考虑到赋予盥洗空间不同以往的视觉感受，同时还得兼顾实用性，设计师选择在天花板设置相当明亮的照明灯光，并以格栅缓和光线，层次分明的光线洒落室内，让空间更显通透，同时也提供足够亮度。

图片提供 © Alex Bykov

168

169

170

171 梯间的隐藏式照明让居家更安全

近年来，"见光不见灯"的隐藏照明逐渐普及居家空间的设计，这种结合科技与创意的手法，将光源包覆在各式能透光或反射的材料中，让光线的表现更具弹性，作用更为多元强大。例如在梯间装设隐藏式光源，能让人明确看清阶梯的位置与状态，大大提升生活的安全性。

图片提供 © 欧斯堤有限公司

172 开放式空间的局部照明应用

当代居家对于开放式格局的接受度日渐提高，即使没有明确隔隔，各区块仍各有功能。在这个开放式空间中，设计师在各功能区分别设置了局部照明，光线之间不相互干扰，同时也在使用上增加了便利性。

图片提供 © Alex Bykov

173 适应空间功能并打造层次的光线

不到 20m² 的超迷你空间里，设计师以不规则的圆弧曲线区隔空间。曲线背墙的终点端是半开放式的淋浴区；各区块除了家具设备有所区别，且以光线色调过渡不同的功能区。淋浴区的地面上装设向上照射的柔和灯光，以提供足够的沐浴照明，同时让空间一体成型而有层次。

图片提供 © HRuiz-Velazquez Archietcure and Design

173

功能作用

174-301 情境营造

太直接，就失去了想象的空间；太朦胧，又模糊了视线。用光线营造出恰到好处的美感，精准拿捏清晰与昏暗的界线，让日常生活也有剧场般的浪漫氛围。

174 ▸ **光水共营浪漫的潋滟意象**

挑高的室内游泳池，无对外开窗，仅以不同灯光映照出迷人氛围。两侧墙面的壁灯，内装普通的节能灯泡，上头的漫射光经由天花板往下交织成柔和的光线，提供全室最基本的亮度。木梁天花板的中央有排轨道灯，一束束聚焦光线强化了水波的潋滟动态。水底另藏小灯，往水面射出的光线，让整池水显得更澄清迷人。

图片提供 © 上景室内装修设计

175 ▸ **运用灯光来变换空间的表情**
+
176

长形廊道，借助地板、立面的造型及灯光效果，在低调奢华的调性中展露行进当中的趣味。墙面装设大面的白色灯盒，相同手法也延伸至造型天花板的四周。从灯盒中散发出的柔和白光，提高了狭长空间的明亮度与愉悦感。屋主还可将这套柔和且明亮的照明系统切换成散发微光的 LED 灯，让空间立即换上神秘的表情。

图片提供 © 幸福生活研究院

174

175

176

177 通过照明，让宁静中多点趣味

清水模的墙面，配上L形大面积的简单木纹电视柜，呈现出宁静简洁的客厅空间。担心灰色空间过于单调，不够活泼，因此设计师特别搭配一盏夸张的大立灯，适当地为宁静的空间中加点趣味。天花板则为了配合空调的出风口而局部往下降，顺便装设间接照明及嵌灯，让嵌灯的光线投射在清水模上展现光影变化。

图片提供 © PartiDeaign Studio

178 用吊灯打造中东异国风情

在打造充满女性气息的优美卫浴空间的前提下，设计师选用古典中带有中东风情的吊灯，搭配空间中其他类似风格的古典镜、土耳其蓝色浴帘等。灯光透过灯罩射出几何图形的光线到墙上，在温柔气氛中更添几许神秘又浪漫的异国风情。

图片提供 © 沈志忠联合设计 | 建构线设计

179 局部照明交织出浪漫氛围

主卧卫浴舍弃普通的柔和照明，以多种局部灯光来交织出浪漫光影。造型天花板搭配的吊灯，灯罩的极简线条在半空中画出一个小型光点，并在天花板上映出一圈光纹。天花板的嵌灯朝侧墙照出立面质感，同时也映照出空间的基本亮度。洗手台镜柜的内部藏灯，柔和灯光透出花朵的图案。窗边、浴缸与洗手台底部等处并留出充足的台面，可自由地装饰烛光，更添情趣。

图片提供 © 幸福生活研究院

180 装饰性吊灯让墙角更有感觉

此餐厅虽然简单，却借助灯光与家具，布置得犹如特色咖啡馆的一角。这个角落采用非对称的手法来展现轻松感。长锥状的吊灯除了照亮空间之外，兼具有强烈的装饰作用，悬在墙边，映照出砖墙的质感，同时也渲染区块的优雅休闲气息。

图片提供 © 舍子美学设计

181 利用吊灯位置形成美丽光影

餐厅的氛围和用餐的情绪有很大的关联，所以即使只是小小的用餐空间，设计师依然为它精心挑选两盏小巧精致的吊灯，并且故意以一高一低的方式呈现，让光线照射在墙面上，形成美丽的光影，打造宁静又舒适的氛围。再辅以天花板的间接照明，在需要更明亮的光线时可搭配使用。

图片提供 © PartiDeaign Studio

182 + 183 光，赋予无色调空间动人表情

白色的简约风餐厅，灯光为空间的最大特色。凹入的圆形天花板周围一圈的间接照明，营造出屋顶的立体感。间接照明选用可变色的LED灯，光色分两套：一种为日光色，可提供舒适的基础照明；另一种则为可设定颜色与时间的多彩跳色。搭配一盏意大利空中花园(Sky garden)吊灯，半圆灯罩内的白色立体花饰再次强化了低调、梦幻的主题。

图片提供 © 幸福生活研究院

183

184 点状光源烘托背墙的质感

玄关主墙以两座抽象木雕为主角，背墙贴覆同色系的浅色砂岩砖，简约元素回应了自然与人文的主题。深色的木质Π形框刻意与立面拉开一条窄缝，内藏的灯具贴近墙面，借助点状的发散性光线来烘托砂岩砖的粗犷肌理与凹凸立体感。非均质的局部光源配置，为背景带来丰富而不张狂的视觉效果。

图片提供 © 上景室内装修设计

185 令人倍感温暖的玄关照明

住家有大有小，玄关亦是如此。玄关是进入住家的第一个空间，也是回家的第一印象。玄关灯与如画框般的小平台整合，利用红外线感应器LED灯，一入宅便有温暖的投射聚光灯迎接，不管多晚回家都不必摸黑找电灯开关，令人温馨且有安全感。

图片提供 © 德力设计

186 蓝光装点夜的浪漫

开放式客餐厅为彰显大气，天花板尽量保持高度；不设主灯，仅沿着四边横梁配置间接照明所构成的光带，并借助一道造型吧台来界定这两区。吧台上方悬挂的吊架主要用来放置投影机，以免为隐藏机器而降低天花板。吊架底部镶嵌LED灯，缕缕幽光增添了夜间在此品酒的乐趣。

图片提供 © 舍子美学设计

187 造型灯具带出恬淡的自然意象

为了在屋中也能拥有接近大自然的舒适氛围，整个空间以轻快的白色北欧风为调性，并借由空间布局、风格与灯具营造出大自然的意象。玄关镜墙嵌入一道如同半棵树的造型屏风，前方再悬挂一盏高尔夫球吊灯，简洁的雾面球形玻璃灯罩透着柔和光线，仿如月亮落在树梢。位于屋内中段的餐厅，以同品牌的3朵云彩（Logico Sospensione）吊灯来烘托恬淡的主题。

图片提供 © 幸福生活研究院

188

189

190

188 以灯光营造低调静谧感

客厅和餐厅的皆以天然建材打造，包括板岩电视墙、柚木桌及木地板等。整体空间彩度很低，让人有宁静放松的感觉。为了延续此一情境，在照明的部分亦选择低调的设计，客厅只装嵌灯往四周照射，凸显建材质感，沙发区完全无照明。餐厅主灯则选择黄光，且3盏灯可分别开关，温暖又节能。

图片提供 © 沈志忠联合设计│建构线设计

189 现代红色吊灯阐述中式情怀

以深色原木打造的品茗空间，无论是侧墙的挂画或主墙吊架展示的茶具，莫不带有浓厚的中式情怀。为避免太沉重的传统造型，特别选用朱红色的坐垫与吊灯来阐述现代中国风。吊灯为现代风格，钢线外罩仿若灯笼，居中的红色灯筒则限制了光的走向，朝下光线照亮茶几，也凸显出全室的闲适主题；朝上的光线则在天花板染出一圈温润的光晕。

图片提供 © 上景室内装修设计

190 洗墙灯光烘托现代中国风

此间调性以现代中国风为主轴，主卧床头背墙悬挂一块用原木雕成的中式花窗，作为全室的装饰主题。花窗背后同时暗藏了灯光。打开此灯，从中透出柔和的洗墙灯光，既能凸显花窗的存在感，也可充当夜间的基础照明。

图片提供 © 舍子美学设计

191 用吊灯营造用餐好气氛

由于公寓的空间不大，设计师将餐桌设计成吧台式，以便容纳屋主的打击乐器组。餐桌虽小，但用餐的气氛可不能少，在餐桌上方装设美美的圆形吊灯，让用餐更有氛围，且吊灯的柔和光线也可以使一旁的文化石墙呈现立体感。若需要更明亮的照明时，天花板上还设有嵌灯，可以开启。

图片提供 © PartiDeaign Studio

191

情境营造

192

193

194

192 间接照明营造纯净的空间感

大面玻璃帷幕与透空楼板，让居中的楼梯得以从挑高落地窗汲取自然光。为降低整体空间的视觉干扰，顶上天花板既不配置主灯也不设其他灯具，以使空间更显纯净、楼面更觉宽敞。全室仅通过间接灯光来提供基础照明，并营造出轻盈、柔和的氛围。

图片提供 © TBDC 台北基础设计中心

193 + 194 LED 线性光带营造时尚前卫的居家气氛

空间色调以清爽的蓝、白两色为主，相当具有时尚感。为了提升此主调的质感，设计师特别在天花板规划了颇有前卫感的 LED 线性光带做间接照明，居住者可以随时变换光色，让空间情境随光色变化，呈现时尚前卫的氛围。

图片提供 © 铮峰国际设计

195 光影勾勒白色梯间的静谧美

白色楼梯间以3种手法展现冷调灯光的静谧美，并利用光影来界定空间。造型天花板带有弧线，呼应了下方的玻璃护栏；从中透出的光线则又强化这道曲线，也为整个梯间带来基本亮度。接着，再以重点式照明来加强戏剧氛围。一道光束从天花板投射到壁钟，另一侧则由5盏壁灯来打亮墙面，相当有张力。

图片提供 © 幸福生活研究院

195

196　典雅吊灯营造美式居家氛围

想拥有美式风格住家，挑对主灯就可以带来画龙点睛的效果。设计师选用了来自美国贝克（BAKER）家具的吊灯，成功营造传统美式居家风格的餐厨氛围，无论是餐桌上方黄铜精制的白色典雅造型吊灯，或是吧台上方深色的倒钟形吊灯，都呈现不凡的质感。

图片提供 © 尚展空间设计

197　一进家门就温暖人心的照明

灯具主体位于大门玄关入口处，镶嵌在柜子底部，投射在连接玄关与吧台的木架，因为近距离照射摆设物件，所以让灯光看起来更加昏黄、有气氛，摆设物的上下也因为光线的明暗不同，更有层次。因为是玄关灯，可以给一进门的人一股温暖人心的力量。

图片提供 © 明代室内设计

198　柔光打造温馨安眠空间

卧房最主要的功能就是提供休憩、让人彻底放松，照明不宜太过强烈，因此，设计师在卧床区以辅助性照明凸显木皮墙面的质感，让人有安稳感，并在床头设置伸缩吊灯，其机动性与柔和光线足以满足简单的睡前活动，且不过于强烈，营造出温馨的舒眠气氛。

图片提供 © 虫点子创意设计

199　挑对立灯，气氛加分

光线是主导空间氛围的关键利器，一盏可以微调光线强弱的立灯，更能够让空间氛围变化万千。此空间里所设置的立灯，其温柔的光线，富设计感的造型，立刻营造出令人难忘的客厅风情。

图片提供 © 德力设计

196

197

198

199

200 高低层次灯光，打造温馨的休闲角落

家，是最让人放松的地方。在灯光规划上，不采取大面积照明，改以天花板对角的两盏嵌灯做重点照明，在沙发旁摆上一盏立灯，提供阅读使用，也通过一高一低的照明设计，营造不同层次的趣味性，共同打造温馨而轻松的休闲角落。

图片提供 © 隐巷设计

201 用光线为居家空间带入科技感

色彩多元、配置便利且自由的LED灯在现代住家空间里愈来愈常见。在这间充满了当代艺术气息的现代城市住宅里，设计师大胆地以镜面、嵌灯、LED光带以及自然天光营造客厅气氛，以光线的色彩、明亮度与折射营造出一种缤纷的科技感，令人宛如置身于科幻场景之中。

图片提供 © Simone Micheli Architectural Hero

202 视觉与光线的完美结合

融合日式与现代元素的新和风和室，刻意不将柜体做满，在下方悬空，让狭小的空间不显得过于局促，搭配雕塑品及铺满石子的轨道，在隐身柜下方的灯光照射下，更为空灵。墙面的3个圆圈，运用视觉穿透的效果，引导客厅中的光线照亮和室地面。

图片提供 © 明代室内设计

203 聚光效果打造个人品位墙

以自然森林为设计主轴的卧房空间，象征自然意象的草地地毯从地面延伸至床头立面，配以大小不一的方格展示柜以及柜内投射灯的设计手法，让每一样收藏品或生活用品都成了最具风格的展示品。投射灯带来的聚光效果，搭配精彩的墙面展示，一道墙就让房间成为极具个人品位的"图书馆"。

图片提供 © 明楼室内装修设计有限公司

200

201

202

203

204

205

206

204 间接照明为空间带来暖意

整体偏白的空间在视觉上给人通透明净的感
受，但难免稍有冷硬的感觉，因此舍弃常见的
白光，改用橘黄光色的间接照明，为空间带入
暖意与色彩多变的温馨感受。

图片提供 © 亨羿生活空间设计

205 昏黄灯光，营造微醺的放松感

好客的屋主，不仅日常即有小酌习惯，也喜欢
邀请朋友前来家中喝酒聊天。于是采用结合吧
台与灯光的设计，让昏黄的灯光，营造微醺慵
懒的放松氛围。同时，运用不锈钢替代木制层
板，后方藏入灯条，当灯亮起时，映照在土耳
其蓝的墙面，仿佛置身于异国的时尚酒吧。

图片提供 © 白金里居空间设计

206 点状照明营造舒眠氛围

在讲求休闲、放松氛围的卧房，善用点状嵌
灯，创造微暗的放松气氛。床头背板规划 L 形
壁灯进行补光，并在侧边垂挂一盏经典的美丽
（moooi）吊灯，提供辅助照明之余，自然带出
主人的时尚品位。

图片提供 © 界阳＆大司室内设计

207 为居家空间打造星空情境

对于神秘的星空，人们总有种本能的向往，为
了满足这种心理，设计师特地将天花板设计成
淡蓝色，搭配无数光点的区块，让居住者在室
内一抬头，就能望见灿烂的"繁星"，营造出
兼具高科技感与浪漫气息的居家情境。

图片提供 © 铮峰国际设计

207

211

213

212 壁柜橱窗 LED 灯和压克力板相呼应

壁柜装设 LED 灯，形成橱窗展示灯效果，而木柜前方以压克力板排列组成，不但使光线有层次且柔和均匀，又能和壁柜墙相互呼应。且因其位置是玄关入口，加上客厅的瓷砖地板和书房的木质地板，正巧创造空间的分界线。

图片提供 © 近境制作

213 + 214 素朴空间里的轻优雅

刻意以材质与裸露管线强调独特的粗犷、原始气息，垂坠的球形吊灯与管线构成一种相当具有张力的画面。吊灯上的花纹全是手工绘制的，雅致的图纹流露的手作质感，巧妙融合了朴素与精致感，不只展现出设计者的用心，更是室内整体感的绝佳搭配，加上柔和的间接照明，渲染出既纯粹又细腻的空间气息。

图片提供 © 非关设计

215 红色灯具创造画龙点睛效果

一家 3 口的住宅，着重实用且好整理的设计，以白色、木色作为空间的主要基调，餐厅区域特别搭配一盏红色吊灯，不仅让空间更为活泼，在色彩或是造型上，也成功地带来画龙点睛的效果。至于因梁位产生的天花板落差，便结合间接光源规划，使屋高有向上延伸的感觉。

图片提供 © a space..design

215

216 让灯具演绎每个空间的使用情境

开放式的餐厨空间，通过吧台间接界定两个区块，同时通过灯光营造不同的使用氛围。吧台使用较大的吊灯做出聚焦效果，让一盏造型简单的灯具营造出夫妻、朋友小酌谈心的温暖氛围。而餐桌上的吊灯则特意一字排开，不只满足长桌的照明，也让灯架成为焦点，把用餐环境变得活泼有趣。

图片提供 © 明楼室内装修设计有限公司

217 投射光晕衬托多层次效果

客厅不设置主灯，而选用一整片酒柜作为主发光源，通过各酒瓶不同颜色的交互层叠，投射出炫目光彩。在墙角空间装设嵌灯，前方放置透明水晶容器，灯光投射在带有俏皮感的粉色系沙发下缘，朦胧的光晕中，烘托出多层次的柔和情境，表现出后现代空间的设计之美。

图片提供 © 达利室内设计

218 暖色光线营造度假屋的休憩质感

位于风景区的住宅为退休夫妻度假专用，整体规划以呈现温和的疗愈感为概念。配合和室区的白色、原木色，光线以柔和的暖色为主，并以间接照明的手法，使光线更为柔和。原木色调搭配柔和暖光，令人心绪更为放松。

图片提供 © 甘纳空间设计

219 铁铸水晶灯展现屋主性格

因屋主本身是一位重型机车收藏者，所以设计师特别挑选一盏黑色水晶灯，借以表现屋主个性特质。而在展示柜装置 LED 灯，因温度低不会损坏收藏品。对于木质材料的柜体也具安全性，柜体内有一面镜子，恰可与水晶灯产生折射现象形成流动空间感。

图片提供 © 采荷设计

216

219

220 犹如博物馆收藏艺术品的氛围

小面积的套房，用餐空间兼具阅读、工作的功能，所以设计了活动式的桌面。一旁柜体除了有6个大小不一的矩形空间展示屋主的收藏品，在空间内部装设嵌灯投射在物品上聚焦。除此之外，也在柜上装一盏壁灯，加强桌面照明，空间处处凸显屋主的品位、喜好与习惯，宛如小型个人博物馆。

图片提供 © 杰玛室内设计

221 烤漆铁线在灯光下的光影幻化

电视墙延伸至玄关处的雪白墙面，以烤漆的铁线弯折成倾斜又交错密布的线条，代表皮肤纹理，是主人从事皮革生意的意象描绘。而在通往二楼的楼梯装设照明灯饰，灯罩可以调动高低，既可以照亮楼梯，让人通行时安全无虞，又能投射在铁线上，形成一道道光影，仿佛铁线是一幅三维（3D）立体画作，充满趣味。

图片提供 © 明代室内设计

222 星光浪漫的动线引导

天花板大小圈状造型里，埋入低温度的微光嵌灯与数颗蓝色的灯泡，制造出星光浪漫的感觉。而大大小小的点状情境灯从玄关延伸到客厅廊道与和室，兼具晚上的动线照明。此外，天花板与收纳柜体结合了间接照明，提供功能性的照明，同时也打亮展示的琉璃艺术品。

图片提供 © 艺念集私空间设计

222

223 营造奢华神秘夜店风的灯光

此间餐厅走的是华丽简约风，为营造视觉情境亮点，主光源挑选罕见的黑色时尚水晶灯，营造出高级酒吧（Lounge-Bar）的神秘气氛及奢华浪漫感，在家也可以很慵懒时尚。另将黄光投射灯嵌入木质酒柜的玻璃层板内，光线从下方往上打，通过玻璃的反射辉映，增添视觉层次感，且巧妙地将屋主珍藏的红酒完美展示。

图片提供 © 达利室内设计

224 营造温暖明亮的用餐空间

屋主喜欢白色的柜体，且希望家中照明不要过多的明暗对比，采光以均匀为主要基调。设计师便在开放式餐厨的天花板安装广角 LED 灯，配上白色镜面烤漆餐台与厨柜，为屋主营造温暖明亮的居家气氛。

图片提供 © 墨线设计

225 光影流转，营造别具情趣的角落

灯具的质感与光影晃动的效果也是居家灯光配置的要点，因此，设计师在客厅的角落设置了3盏高低不等的同款水晶吊灯，灯具轻盈，稍微晃动时，墙面上的光影也随之变化，映射在张贴照片的木纹背墙上，便使得照片中人物灵动如生，别具情趣。

图片提供 © 奥纮空间设计

226 玻璃灯搭配四面镜，大玩光的游戏

充满杉木香的卫浴空间，自挑高天花板垂吊而下的一盏阿耳特弥斯（ARTEMIS）吊灯，虽然只是玻璃与黄铜组合，却提供这个空间无压力、高质感的照明。设计师在挖空的杉木天花板四周嵌上镜子，当夜幕低垂时，配合昏黄的吊灯，在蒸气中大玩光的游戏，让人感到无限的温暖与放松。

图片提供 © 尚展空间设计

223

227 低亮度照明，烘托生活悠闲感

在讲求休闲感的居家客厅中，避免大量高亮度的灯具使用，改以四角投射灯光，营造轻松惬意的生活感。在沙发旁摆上一盏造型立灯补光，并让每一盏灯都能单独调光，方便屋主能随心情、喜好和使用所需，调整灯光。

图片提供 © 怀特室内设计

228 以光线整合宽广空间各区块的气氛

在近 300m² 的双拼大宅中，如何让整体空间呈现一致性，同时兼顾各区块所属气氛是相当重要的议题。设计师用光源色调整理出空间的一致性，并在各区块设置所属氛围的光源，廊道区以多盏烛形壁灯点缀，客厅则以点状洗墙光营造温暖舒适感，在整体感中隐隐分出界线，随光线变化呈现不同区块的情绪。

图片提供 © 相即设计

229 光影营造高质感度假氛围

利用楼梯位置，将主卧卫浴一分为二，在干区运用聚氯乙烯（PVC）木纹地板，营造温润氛围。在楼梯下缘做几何弧线修饰，局部打上灯光弱化楼梯的厚重感，赋予高级饭店般的度假氛围。

图片提供 © 白金里居空间设计

230 灯光，渲染风格的催化剂

客厅拥有大面积的采光，并搭配素雅的空间设计，以平顶天花板结合嵌灯做辅助照明。餐厅着重于情境营造，半圆形灯罩的金属吊灯回应墙面的文化砖，释放出淡淡的洛夫特（Loft）味道，而灯光反射至灯罩后分散开来，使光线更加柔和，同时也增加单颗灯泡的亮度，让用餐气氛更显温暖。

图片提供 © 馥阁设计

227

228

229 230

231

232

233

231 洗墙光为空间注入生命力

在客、餐厅连成一线的开放式格局里，设计师在客厅的尽头，即是餐厅的背墙上设计了鱼形壁饰，为空间打造出视觉焦点，并在上方设置点状光源洗墙，让墙面更具层次感，而鱼形壁饰也随光影变化而显得灵活生动，让整体空间呈现出生命力。

图片提供 © 相即设计

232 优雅光源让酒变身艺术品

屋主独爱收藏酒，希望家中呈现夜店时尚风，设计师以马赛克砖铺陈主墙面，用投射灯光向下打亮整个柜体，散发高贵优雅的气质，让整体空间有了重量感，各种的造型酒瓶，亦作出丰富的层次效果，成为空间最瞩目的视觉焦点，辅以简约精致的白色吧台装点出优雅氛围，展现不凡气派。

图片提供 © 达利室内设计

233 点状光源与高反光材质营造温和情境

居家空间的表情以柔和、温暖为主，因此在选择光源时，光线与材质的互动就是必备的考虑要素。当光线遇上高反射效果的材质时，点状光源能降低反射感，减缓视觉压力，营造出具有相当张力且温和宜人的空间表情。

图片提供 © 欧斯堤有限公司

234 善用灯光素材，转化大师名作

虔诚的屋主，希望将信仰元素融入居家，在水泥墙内藏 LED 灯，制成一面端景墙，提供一家人日常祷告使用，设计灵感取自日本建筑大师安藤忠雄"光之教堂"的墙面设计；上方利用线条和斜向切割方式做一光带，隐藏横梁位置，化解了压迫感。

图片提供 © 怀特室内设计

234

235 往天花板照射出光晕的效果

客厅两面墙面皆以嵌灯提供照明，灯光投射在白色文化石墙，呈现出明显的阴暗对比，使得墙面层次更加丰富。而客厅中央则置一盏灯杆可以上下左右调整的立灯，灯罩别出心裁地采用上下皆有开口的设计，除了让光线均匀照射在客厅空间外，也在天花板上形成一圈光晕，营造另一种效果。

图片提供 © 杰玛室内设计

236 造型主灯与嵌灯共营气氛

原始天花板的高低结构，通过天花板转折手法，化解了视觉落差的冲突感。从客厅转折到餐厅，除了用墙面材料与色彩变化区隔之外，餐厅配合长形餐桌使用两盏造型主灯，灯罩上方反射到天花板的光晕，如在天花板上作画，并且利用嵌灯照明衬托墙面画作，则为空间增添了优雅的气氛。

图片提供 © 王俊宏室内装修设计工程

237 多层次灯光雕琢出形体之美

时尚住家，以浅色大理石与明镜等材料营造出冷冽调性。为求干净的空间感，选用天花板嵌灯来提供基础照明。多层次的灯光打亮了石材地板，诠释冷静又细腻的基调。廊道墙面略采用勾缝，内藏间接照明以凸显立面的层次。廊道尽头的玻璃展示柜，内部两侧埋设 LED 灯，背光烘托出展示品的形体之美，成为一进门的视觉焦点。

图片提供 © 大雄设计

238 定制贝壳主灯，简约中营造奢华

利用层层的贝壳包覆住光源，光线透过贝壳隐隐地散发出柔和光芒，同时带点朦胧的神秘感。这盏设计师特别定制的主灯，设计概念主要是增加光影，灯的不锈钢底座再次反射出贝壳的轮廓，营造简约中带有奢华感的整体效果。

图片提供 © 禾筑国际设计

238

239 局部光提点工业风的神采

现代工业感的客、餐厅与厨房开放式空间，基本上采取了全亮、均质光的照明。餐厨借助流明天花板与多盏嵌灯来营造明快感，整体背景则以柔和灯光来提供基础照明。开敞的客厅，两道黑色轨道造型灯盒贯穿整个天花板，线性地划分这片灰白色平面。内嵌的投射灯局部打亮单椅与沙发，在一览无遗的空间里提点出戏剧张力。

图片提供 © 大雄设计

240 明暗对比强烈的照明灵活变化气氛

挑高3.6m的小套房，因为面积不大，设计师运用明暗对比较为强烈的设计手法，只在局部重点处配置照明设备，跳脱整个空间都充满明亮光线的传统模式。厨房墙面的金属、玻璃马赛克砖可以反射灯光，制造光影变化的效果。客厅的壁灯线条简约，灯杆可以移动，灯罩也可以360°转动，让空间照明更能灵活地变化整体气氛。

图片提供 © 墨线设计

241 垂直打光，让柜体与物件更具戏剧性

在面积宽阔的区域，采用垂直打光的手法，能为空间创造出层次感。当光线由上而下洒落在零散摆放着书籍与展示品的柜体上时，带有洗墙效果的光线使整体画面有了律动感，柜体与摆设物件显得相当有故事性，营造出令人想一探究竟的氛围。

图片提供 © 欧斯堤有限公司

242 用光线丰富大墙表情

从大门进入空间，玄关希望呈现出艺廊般的氛围，特别保留的内凹空间，加入嵌灯与展示座，制造引人注目的端景。此外，设计师在立面加入直线条的灯沟，为整面大墙增添表情与律动感，同时也引导动线。

图片提供 © 长禾设计

242

情境营造

243 刚中带柔的设计巧思让家更温馨

此屋为长条形，因此客厅电视柜并不设计成一排到底，而是在近窗户处留空，营造空间通透感。但因家具多呈直线方正造型，设计师特别挑选一对半透明的圆形吊灯点缀，以间接照明增大空间深度，并选择暖黄色的柔和灯光来平衡屋内的阳刚气息，营造空间自然的温馨感。

图片提供 ⓒ 达利室内设计

244 多层次柔光交织出静谧氛围

位于屋内、无对外采光的餐厅，运用天花板的嵌灯与主灯，交织出沉稳、静谧的调性。通往厨房的门以不锈钢框架嵌磨砂玻璃，其半透光的质感，让落进厨房的阳光能隐约透入餐厅。主墙的冂形框亦在边缘内嵌 LED 灯，空间中多层次、柔和的灯光营造出沉稳氛围。

图片提供 ⓒ 大雄设计

245 灯具兼吊饰增添书香气息

餐厅与书房中间不做实体墙面，而以喷砂玻璃拉门作为活动隔屏。拉门以书法装饰，无论餐厅或书房开灯，光线都可透过拉门照映到另一间。餐桌上方的吊灯配合书法，挑选球形的灯罩与之呼应，灯泡亮时是餐桌主照明，灯泡没亮时是两个镜面球体，为空间增添人文气息。

图片提供 ⓒ 杰玛室内设计

246 舒适慵懒的起居间光线

小套房空间善于利用高度，运用夹层将睡眠区上移，下方空间则必须包容起居与用餐等功能，由于空间仅有单面采光，因此梯体与餐桌设计避免阻挡光线。客厅不使用主灯，也是为了避免楼层高度再降低，仅利用天花板嵌灯，提供慵懒舒适的照明。

图片提供 ⓒ 长禾设计

246

247 用光线打造疗愈身心的氛围

40m² 左右的门厅，空间不大，但楼高具有优势，米白色岩墙采用斜角设计，配合内凹嵌灯、定制的黑色信箱，打破方正空间的制式与笨重感。墙面上下不做满，并配置间接照明，与纸花球主灯、白卵石、低调的灰色磐多魔，让回家的人感受到温暖疗愈的气氛。

图片提供 © 宽月空间创意

248 嵌灯装点走道，设计灯具吸引目光

大理石电视墙后是进门的玄关，特意采用柚木皮配合嵌灯打造类似艺廊的走道，并在收藏品的大理石展示台下方也挖洞藏间接照明，营造气氛。吧台上方 3 盏汤姆·迪克森（Tom Dixon）灯具，是意大利设计师的作品，金属外罩相当经典，顺势吸引众人目光，引导宾客入内。

图片提供 © 奇逸空间设计

249 营造优雅慵懒的法式生活情调的照明

为传达屋主喜爱的法式优雅、人文气息，除了木头、砖墙的运用，设计师更在每个区域配置嵌灯、吊灯、立灯等丰富的照明，让屋主随需求决定光线的明暗层次，到了夜晚更具慵懒放松的效果。

图片提供 © a space..design

250 开窗设计营造咖啡馆般的雅致角落

这是一间原本完全密闭的卧室，因为是走上楼梯的第一个房间，设计师特意设计开窗让光线穿透进来。在卧室角落摆放书桌，可坐在窗边看窗外景色，为封闭空间营造开放、通透的效果，让人仿佛坐在咖啡馆角落看书闲静自得。

图片提供 © 采荷设计

247

250

251 适当地打灯，为壁面营造明净层次感

以压纹钢板制成沙发背墙，表层涂成黄绿色，将自然元素带入空间，降低钢材质带来的冰冷感。自电视墙延伸至沙发背墙的斜天花板，修饰前端横梁，让客厅主墙更有层次感。夜晚，当灯光投射至墙面勾勒出明暗线条，在钢板上缘隐隐形成发光效果，让空间表情更多变。

图片提供 © 怀特室内设计

252 中岛吧台的氛围营造

中岛吧台的照明设计有许多方式，包括天花板内嵌灯、投射灯，或是具有装点氛围的吊灯组等。天花板嵌灯适合壁面照明，而吊灯则有聚焦效果，相互配搭可营造出多层次效果，并能随时变换气氛。

图片提供 © 德力设计

253 自然光与人工照明的甜美协奏

采取对称布局的主卧，以紫色立面搭配拉花床架，营造出浪漫柔美的寝室氛围；在光线上更妥善地将自然光与人工照明结合。除了两扇对称开窗加上碎花布帘及透进的柔和自然光，边柜古典造型的桌灯配合墙面，上下投光映照出色调层次，营造甜蜜美感。

图片提供 © 养乐多_木艮

254 灯饰与色彩共创现代乡村风

配合屋主习惯与性格，设计师特别为厨房设计一座L形吧台，并且格外注重色彩饱和度，不论餐厨厅皆呈现活泼缤纷的感觉。马赛克壁砖相当亮眼，搭配黄色水晶灯更具时尚感，跳脱传统乡村风的古朴感，呈现现代感的乡村风格调。

图片提供 © 采荷设计

254

255　书房造景，变色 LED 灯添气氛

餐厅、厨房与书房采用开放式设计，书房区域同时扮演过渡空间的角色，除了将书柜隐藏美化为造型墙之外，利用室内造景手法，移入一株咖啡树，变色 LED 灯在天花板打出多变的投影效果。阅读时，造型天花板两侧的灯沟全亮，则可提供必要的功能照明。

图片提供 © 宽月空间创意

256　彩墙、投射光堆制造暖愉悦氛围

30 多年的中古屋，原始为办公格局，经过设计师改造过后，玄关入口改以独具创意的条纹彩墙设计，装饰着夫妻俩浪漫的回忆照片，地面随性地摆放复古风格的海报，一盏投射光源带出暖度，而鞋柜底下的间接照明则作为辅助光线，营造愉悦气氛。

图片提供 © a space..design

257　轻量化光源带来悠闲的生活情调

透天别墅整体空间以沉稳、低调、优雅的现代风格为主轴，中岛厨房连接户外庭院，白天光线相当充足。但由于另有规划正式的餐厅区域，因此厨房、吧台运用少量的嵌灯搭配吊灯，营造出轻盈、放松的气氛。

图片提供 © 观林设计

258　模组式 LED 嵌灯创造 5 种氛围

70㎡ 的狭长形空间，由于在公共空间经常举办聚会，加上屋主偏爱日式简约风格，因此在线条上予以简化，且灯具的选择上，有别一般明亮的灯光配置，而是使用模组式的 LED 嵌灯，提供足够的照明，亦可变化出 5 种温暖柔和的灯光。

图片提供 © 观林室内设计

255

256

259

261

259 双臂台灯，提升主卧质感与气氛

设计感十足的床头主墙有两种光源，一是嵌在木质背板左右的嵌灯，配合玻璃层架，明亮却不刺眼。另一处光源则来自背板上方左右的双臂台灯，LED灯泡虽小但亮度足够，又可以调整臂的高低，造型轻巧又特别，大大提升空间质感与气氛。
图片提供 © 奇逸空间设计

260 犹如画廊般的照明设计

屋主是一位业余画家，所以设计师特意在沙发区做一道П形墙面，配上嵌灯，整区呈现有如画框框住画面的效果。左面墙上摆满各式画作，则采用画廊级照明设备，以轨道灯打在画作上，凸显艺术创作的美感；和室阅读区则悬吊松果造型灯，与松木原木桌呼应，营造自然气息。
图片提供 © 只设计·部室内装修设计

261 低调光质映出空间的优雅

风格低敛的客厅，用照明手法来铺陈空间的优雅与从容。贴深色木皮的天花板内嵌黑色灯槽，埋设在灯槽的投射灯可随家具位置来调整灯光角度。大天花板两侧的通道以间接照明营造出神秘氛围；靠墙的低天花板，通过内嵌的一排小嵌灯来打亮空间。右方吊柜底部镶嵌LED灯以凸显柜体，柜内的每道层板也都镶嵌感应式LED灯，兼具美感与实用性。
图片提供 © 大雄设计

262 桌灯照射墙面营造温馨感

居家视听室属于较私人的起居室，整个空间重视营造温馨感，不宜使用日光灯或直线式LED等强光源。搭配设计师独特的蓝色墙面设计，在双色墙前摆上桌灯以及彩绘玻璃，通过扩散式光源照射创造光影，让人有家的感觉。
图片提供 © 采荷设计

262

263 玻璃层架夹灯条营造微醺感

从餐厅延伸到客厅的公共空间，天花板的嵌灯连接不同空间的灯饰。餐桌上方空中花园式（Sky Garden）吊灯，造型相当简约，内部充满花园雕饰，呼应整体设计风格。酒柜部分以黑镜玻璃层架夹灯条，带有些许夜店感，适合呼朋引伴小酌一番。

图片提供 © 奇逸空间设计

264 简化照明让居家日夜各有情调

经过设计师重新规划格局之后，30年的中古屋，阳光可以恣意地洒满全室，白天完全不需任何人工照明，也因此得以使用深灰、浅灰墙色；夜晚则追求放松、舒适的光线，于是搭配壁灯、轨道灯具的运用，让现代感北欧居家日夜各有不同面貌。

图片提供 © a space..design

265 仿佛走进一道小巷的角落风情

设计师将法式壁灯当做引导灯安装在厕所入口处，洗手台侧墙特别挖孔，安上窗框，放上烛台，而在洗手台上方安装吊灯，不但随灯光转变改变情境感受，搭配意大利地砖，充满浓浓欧风情调，犹如走在欧洲街边，一转弯便是另一番风情。

图片提供 © 采荷设计

266 壁灯营造床边的气氛

可调整光线角度的壁灯灯罩设计，在卧房打造一块气氛绝佳的柔亮角落，同时兼具床前阅读的功能。这款灯具开关设计在灯具上，不占床头的壁面空间，内嵌的柜体内设有室内其他照明的双切开关，以利睡前关闭室内灯光，随时变化气氛。

图片提供 © 德力设计

263

266

267 LED 灯光为居家注入宁静气氛

居家室内的环境与设施不易随心更动，想转换心境，通过光线的调节是有效率的方式，LED灯的光色多样，更有助于此。线条单纯稳重的空间，搭配均匀而有层次的蓝光，让空间显得相当宁静，充满抚平情绪的疗愈感。

图片提供 © Alex Bykov

268 LED 光块创造迷蒙氛围

黑白色调对比是相当经典的居家色彩配置，在其间加入适当的其他元素，将呈现出意想不到的惊喜效果。因此，设计师特别在天花板规划了内凹的LED灯照明区块，搭配特殊涂料，呈现出缤纷有致的光影变化，营造出迷蒙的独特氛围。

图片提供 © 铮峰国际设计

269 七色 LED 灯，调色出时尚夜店般的光影

壁面采取钢琴烤玻营造其现代时尚感，大理石地板则特别开洞内嵌LED灯光制成的一道道光沟，自地面延伸至墙面，搭配七色可调光的LED灯随时变换光影色彩，创造夜店般风格绚丽的情境，再加上一盏自天花板垂吊下来的水晶灯，更添居家现代时尚色彩。

图片提供 © 界阳 & 大司室内设计

269

270 **LED 光带色彩变幻空间气氛**

设计师在这处居家空间里大胆地把玩色彩、材质与光线，在镜面、柜体与色彩墙上，精心设置可调色的 LED 光带与嵌灯，烘托镜面与各式墙面材质，光线缤纷多变而不过分刺眼，使空间表情的变幻之间有了韵律感，让人随时都能舒适地欣赏不同的情境。

图片提供 © Simone Micheli Architectural Hero

271
+
272

LED 光带随时变化客厅气氛

大宅的会客区以圆为设计主轴，为了让来访亲友更深入感受空间，特别在开放式公共空间设置 LED 光带，可以随时变换空间的光色，随时改变空间气氛，让客厅如舞台般随时转换各种情调。

图片提供 © PS百速 | 设计建筑

270

271

272

155

273 用灯光营造跨时代的厨房气氛

为在复古风的建筑中展现跨越不同世纪的感受，设计师在灯光的规划方面格外用心：特别在吊柜下方设置了圆形嵌灯，与怀旧砖墙构成对比；同时采用发光的酒柜区隔空间，以其电子蓝光凸显科技感，当人身处其中，能同时被古朴与未来的气息所包围。

图片提供 © Gérard Faivre

274 色彩与光影为居家打造高级酒吧的气息

以铁件、浓重色彩与镜面壁板在明亮的居家空间中打造了深具高级酒吧气氛的区块，搭配白色造型吊灯，以及点状洗墙光，让色彩在光影的变化中跳动，让区块呈现出层次感，在居家空间中营造独特的微醺氛围。

图片提供 © 沈志忠联合设计 | 建构线设计

275 多彩光色 LED 玻璃面板丰富厨房表情

为使开放式餐厨空间有料理教室的气派，特别拉大空间，延展的ㄇ形料理台下方设置清透的玻璃柜，内藏的 LED 灯，能散发不同色调的光线，让餐厨区的气氛更多变有趣。

图片提供 © PS百速 | 设计建筑

275

276 光线搭配紫、黑色调，营造迷幻夜店风客厅

以黑、紫两种暗色系为主色调，营造出具有夜店风格的客厅气氛，空间的灯光并不复杂，以柜体的间接灯光与天花板上的嵌灯为主要照明，当明亮的光线照射在用色浓烈的墙面与柜体上时，色彩的层次感变得更为显眼，呈现出迷幻而温暖的气氛。

图片提供 © 橙白室内装修设计

277 蓝光与茶镜结合，打造另类居家感受

从吧台下方的照明，到天花板斜角不规则线条的间接照明，蓝色 LED 灯贯穿厨房与卧室，为了稳定视觉、衬托质感，立面上使用大量茶镜，使全室风格达到一致。此外，考虑到厨房料理区的所需亮度，天花板加入 LED 嵌灯提升亮度，并增加居家色彩变化的另类感。

图片提供 © 艺念集私空间设计

278 玻璃楼板透光，造型灯当随意贴

造型相当别致的品牌吊灯，可以随意夹上便签纸，铁丝又可以随意调整长度，成为工作间里既实用又有趣的光源。将二楼的楼板部分切开，改以双层强化玻璃代替地板，从一楼打上来的光线通过玻璃形成一种光怪陆离的画面，相当符合艺术背景的屋主需求。

图片提供 © 奇逸空间设计

279

279 光线让日常盥洗变得浪漫

盥洗空间是家居必备，但一般来说，由于此空间的功能相当明确，所以在气氛营造上较少被重视。因此，设计师特意在线条极为简洁，以黑色与木纹为基调的盥洗空间，设置了光色温润的条状照明，使空间的氛围变得相当迷人，让制式的日常盥洗也能很浪漫。

图片提供 © Alex Bykov

280 自然采光添变化，凸显建筑趣味感

本栋建筑的设计十分特别，对外窗的结构呈方块状，并镶嵌略带蓝色的玻璃，使自然光进入空间自然呈现奇特的效果。设计师保留此一特色，在浴缸 L 形采光窗加了银色细百叶，凸显光与线条的趣味性，让自然采光多了另一种调性。

图片提供 © 艺念集私空间设计

281 用光线在古典风的空间里注入未来感

欧式老宅的改造延续了原本的古典氛围，空间使用了不少怀旧元素，但时代感与现代居住需求仍不可忽视，因而也纳入具有当代感的设计。尤其是灯光的运用，天花板上的温暖黄光搭配蓝紫色的灯光，再搭配侧墙上的亮白装饰光线，构成具有未来感的显著对比，使整体空间呈现出一种融合不同时空的奇特氛围。

图片提供 © Gérard Faivre

281

282 LED 灯让居家空间也有前卫感

居家商空化的趋势下，居家的情境也愈来愈像商空一样多变化，对光线的需求也不再局限于照明，更想利用光线来营造不同气氛。在用色缤纷如商空式住家中，特别选用 LED 灯围绕在不同区块的周围，两者相互搭配、映衬下，为温馨的居家氛围添上大胆前卫的气息，更具风采。

图片提供 © 竹工凡木设计研究室

283 极简光源打造舒眠气氛

以氛围展现居家的生活情境，依照不同性质的活动选择恰当光源，以灯光打造合适的情境，是当前居家照明设计新趋势。在布置简洁，以睡眠为主要活动的小卧房里，就不需要太过繁复或刺激的光线，装设数盏造型简单，色调温暖的光源，营造出让人放松身心的情境，才是真正舒眠的好光源。

图片提供 © 欧斯堤有限公司

284 红、白、黑三色营造现代感居家氛围

设计师以流线、色彩与光线变化为微型住宅打造兼具视觉美感的生活功能完整居家。从门口进入屋内即是客厅与卧房的复合功能区，黑墙上设置暖炉，营造出视觉暖意，并为墙面增添人文气息，同时与红色软垫、透光功能墙的色调呼应，让人一进家门就能享受极具现代感的视觉盛宴。

图片提供 © HRuiz-Velazquez Archietcure and Design

284

285 折射一屋粉红的纯真气息

小女孩相当喜爱粉红色，因此特别在房中漆了一面粉红墙，并在天花板处设置光沟式的间接照明，让光线能够更均匀地散布空间。此外，由于粉色系的折射效果极佳，当灯光一开，纯白天花板也带有粉红感，让整体空间似乎都刷上了淡淡的粉红色，充满了纯真梦幻的气息。

图片提供 © 大晴设计有限公司

286 照明让儿童房气氛更缤纷可爱

小女生对粉红色情有独钟，因此房间以白色与粉红色为主色调，照明的设置也尽可能为空间提升缤纷可爱的气息。圆弧形间接照明为空间提供光色色温暖的主要光源，与一旁粉红框架的造型吊灯相当协调，搭配墙面上的花朵装饰灯，使整个空间呈现出充满天真童趣的纯真气息。

图片提供 © 芽米空间设计

287 照明与色彩共创粉红疗愈系卧房

在卧房空间的背墙处内推一层，涂布成温柔的粉红色，并在靠近床头处设置带状光源，在灯光的映射下，柔和的粉红色布满整个空间，使空间内的粉红恰到好处不致刺眼，营造出可爱疗愈系的卧房。

图片提供 © PS百速 | 设计建筑

288 令人沉静的卧房舒眠照明

稳静的情绪是睡眠品质的关键，所以卧房以让人沉静为设计理念。采光良好的落地窗搭配窗帘盒引入天光，在白天时光线相当充足；夜晚时，为保证睡眠质量，也无需太多的人工照明，所以仅在床体两侧的天花板设置简单的嵌灯，营造大气舒适的睡眠情境。

图片提供 © 相即设计

289 造型灯打造舒眠的卧房情境

卧房是以睡眠为主要活动的空间区块，照明以温暖、协调的光线为主，打造舒眠环境。床头放置一盏花冠造型的造型灯，从中透出温暖的橘黄色光线，有助于放松身心；而其特殊的造型，让光影变化显得十分有趣，在整体温暖的氛围中又增添了趣味性，让人能带着美好的心情入睡。

图片提供 © Alex Bykov

290 金属烤漆搭配投影灯，打造星光景色

专为男性打造的放松空间，以蓝色 LED 灯营造出屋主喜爱的神秘慵懒风。卧室的弧形床头板延伸到天花板，内藏蓝色光源，强化线条感；表面使用金属烤漆，加上下面投影灯，制造出星光熠熠的效果。此外，设计师将主卧浴室的隔墙改为玻璃，两个空间在不同色温的灯光之下，互透区隔。

图片提供 © 艺念集私空间设计

291 不锈钢金属闪烁的视觉效果

这间主卧重点在于床头的不锈钢面，借助金属材质的亮面特质，加上 LED 层板灯光的投射下，形成闪烁的视觉效果。由于金属的利落线条，不同于木质纹理或油漆拼贴等丰富又生动，所以与家具配搭反而更能简约精巧，无须太多饰品布置，展现时尚品位的都会风情。

图片提供 © 近境制作

291

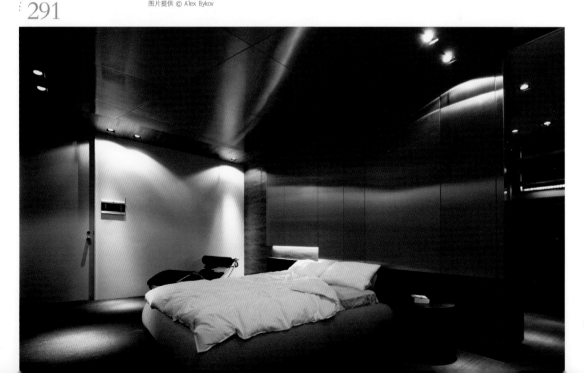

292 | **线性吊灯柔化视线**

因应长形吧台设计，加上手工岩块砌整面背景
墙，为了凸显石材本身的质朴特性，采用线性
形式的吊灯照明，整道灯光投射吧台上，以及
强化天地壁的运用，借助间接照明，减少聚光
灯形成的视觉焦点，并营造柔和的灯光氛围。

图片提供 © 近境制作

293 | **微光赋予居家温暖沉静的空间表情**

明亮的环境给人清爽的活力感，有助振奋精神，
而昏黄的光线则使空间带有神秘的韵味及放松
感。居家空间的光线需求不只有明亮的选项，
有时采用柔和的光线照明，让空间呈现温暖沉
稳的情境，对于舒缓情绪相当有帮助。

图片提供 © Alex Bykov

294 | **风格壁灯，让阳台更浪漫**

在阳台廊道处，设置光色明亮的壁灯，让整体
空间显得相当明亮而充满期盼的浪漫气氛，为
居家空间带来不同的感受。

图片提供 © 芽米空间设计

295 | **户外天光烘托玄关自然氛围**

考虑居家的隐秘性，在建筑外层架起一排磨砂
玻璃做适度遮蔽，磨砂处理特别不做到顶，让
天光能自然流入室内，映照在金属质感的瓷砖
地板上，呼应玄关；特别在玄关右侧，根据屋
主家中狗儿样貌制成造型灯，可作为夜灯或玄
关照明使用，其立在门边的身影，也隐含着守
候之意。

图片提供 © 界阳＆大司室内设计

292

296 + 297 活泼红色突出空间亮点

在色彩沉稳的空间中，以一盏红色的口吹玻璃灯作为餐厅主灯，突出空间亮点，加上主灯、次照和营造氛围的间接照明，配搭出灯光的3种层次。由于屋主一人居住，不需考虑隐私问题，以大面玻璃创造空间的穿透感，让光线得以扩散到居家的各个角落，渲染气氛。

图片提供 © 品桢室内空间设计

298 光线酝酿品茶情绪

名为"茶房"的住宅，当然要有品茶专属的区域。在这块以"茶"为核心的空间里，设计师以各种方式带出"茶味"：整体空间以木材为主要素材，侧边的柜体以线状白光凸显各式茶道收藏品，中央设置3盏古雅的黑色笼形吊灯，营造出浓浓的东方风味，使人能在此细细品茶，享受休憩时光。

图片提供 © 沈志忠联合设计｜建构线设计

299 间接照明打造温暖而贵气的玄关

风格富丽的欧式住宅以白色为基调，凸显亮丽的金黄色，一进门的玄关便令人宛如置身于电影场景之中。玄关天花板内凹处为金黄圆弧，周围绕了一圈间接照明，使金黄色更显灿烂，并与下方深土耳其绿间金黄纹地毯与摆设相互呼应，构成玄关视觉焦点，营造温暖而贵气的氛围。

图片提供 © Gérard Faivre

300 留一盏灯，等待夜归的家人

住家四面环山，通过一面绿墙将户外山景引进居家。前方做一端景，同时加入壁灯和投射灯，提供不同角度和强度的灯光选择；夜晚，柔和灯光照亮此端景，告诉晚归的家人："留一盏灯等你"。

图片提供 © 品桢室内空间设计

301 贝壳灯让厨房更俏丽

由于屋主本身相当时髦，设计师选用强烈缤纷色彩装饰厨房，走进厨房让人感受俏丽面貌，因此不能再搭配华丽的灯具抢走视觉焦点。设计师自行设计的白色吊灯，以水晶和贝壳一片片手工串接而成，加上木材的自然质感，让整体空间既富时尚感，又保有精致度。

图片提供 © 采荷设计

299

302-374 修饰空间

并非所有的居住环境都是完美无缺的，但若能巧妙运用各种照明手法，就能将缺陷修饰成亮眼的特色。

302 | 环绕式光源增加高度与明亮度

空间面积不大与天花板过低的问题，是整个空间设计上特别需要改善的重点。因此，除了运用大量白色系设计外，在天花板的四周以环绕式的间接灯光辅助，让空间有拉升高度的效果。同时在餐桌上方则运用北欧风格吊灯来增加设计感，可随意调整方向的灯光，不仅增加空间明亮度，也提升生活的趣味性。

图片提供 © 摩登雅舍室内装修

303 | 金属造型天花板与灯光修饰横梁

餐厅空间因格局不当显得略为狭小。将吧台延伸，成为用餐或招待朋友的地方。然而，这区的天花板中央有横梁交错，故用两道局部天花板来修饰。其中一道天花板内藏间接照明，底部悬挂水晶吊灯；贴覆金属薄板的表面能反射主灯散发而出的光线，构成此区的主题性氛围。

图片提供 © 达圆设计

304 | 降低天花板并内藏灯光减低压迫感

因客厅与餐厅、厨房采用全开放式设计，导致空间易有扁平化的错觉，加上此空间的大梁与屋高较低，因此，在客厅舍弃主灯设置，改以造型天花板，使天花板与梁拉齐后，在数道内凹处安置光源，如此可让人感觉屋顶制高点在灯光处，而低梁的突兀感也可顺势解决。

图片提供 © 成舍室内设计·工程

302

303

305

306

307

305 间接灯光强调高度与层次

楼高约 3.5m 的公共区域，客厅尽量保持原始高度，运用嵌灯及周遭一圈的间接灯光来提供基础照明。间接灯光往上打在梁柱上，用以凸显天花板的高度。电视主墙也略与背景墙脱开，内藏了往上打的间接灯光，强调出立面的层次。

图片提供 © 达圆设计

306 多盏吊灯构成发光面，提升视觉感

大宅二楼图书室的天花板特别高，在此井然有序地装设了 3 行 4 列共 12 盏工业风的碗状吊灯，半嵌在天花板里。侧墙安装了镜面，通过反射光来提高整个空间的亮度。12 盏吊灯有多种选择，可全开、只开某排灯或某盏灯；可根据不同需求选择不同亮度。

图片提供 © 幸福生活研究院

307 借用灯光打造屋高延伸感

餐厅设计以奢华时尚为主题，因此不仅选择大型的水晶吊灯作为餐桌主灯，同时以大面积的茶镜铺设天花板，让闪亮的灯光更加耀眼，同时达到延伸屋高的效果。另一方面，在墙边则有辅助的间接照明来渲染华丽的空间氛围。

图片提供 © 成舍室内设计·工程

308 分散式照明化解低矮的尴尬

老公寓楼高仅 2.4m。为争取立面高度，舍弃了将照明集中在天花板的传统手法，采用"整体照明分散"的策略，将照明设备分散到墙面、地板与柜体内。如此一来不仅可增加视觉层次，并能清楚区分不同照明的作用。天花板吊挂一道由金属与木作定制的 L 形灯槽，内嵌 LED 灯；非均质的局部灯光为餐桌与中岛带来明暗有致的基础照明和层次分明的空间感。

图片提供 © TBDC 台北基础设计中心

308

309 造型与功能兼具的趣味开窗，让空间更通透

由于房子位于小巷内，与对面邻屋距太近，若开大窗会有隐私问题，因此设计师特别在正面设计数个大大小小的窗户，一方面改善采光与通风效果，同时可以保有居住隐私。将3楼与4楼前段的楼板挑空，让分属于大人与小孩的两层楼空间关系更紧密。

图片提供 © 诺禾室内设计

310 间接白光勾勒护栏的剔透线条

独栋大宅的屋主希望在家也能享受酒吧的时尚与浪漫。设计师在通往吧台的廊道与梯间运用少量元素搭配灯光，构成一条光影绚丽的动线。白色楼梯扶手搭配透明护板给予清透的视觉感受，扶手底端埋藏LED灯，投射在护栏的光线映出玻璃的透明与表面的雕花图案。转角壁灯则朝上打亮，凸显出整个梯间的空间感。

图片提供 © 幸福生活研究院

311 上下灯光拉升屋高、渲染出漂浮感

开放式设计可缓减小面积住宅的压迫感，因此在客厅与多功能的书房、用餐区采用了半开放式设计，利用架高地板与降低天花板的弧形线条来形成自然界线，而且有效放大双边空间感。巧妙的是在书房上下均嵌入间接光源，使房内有漂浮感，而屋高也因此有被拉高的效果。

图片提供 © 摩登雅舍室内装修

309

312

313

314

312 多重灯光配置营造空间立体感

左方小嵌灯的光束往下打，凸显转角柜的弧状造型。Π形的线框搭配石头漆，上方一道间接灯光，强化墙面质感。柜体除有大容量的储物空间，中央内嵌茶镜，与餐厅吊灯彼此呼应，延伸视线的同时，也通过镜面反射光线来增强用餐区的亮度和立体感。

图片提供 © 达圆设计

313 空间与造型的对立用光来平衡

由于建筑结构的关系，此区的天花板呈双斜面的形状，以致难以配置主灯，若将天花板拉平会产生压迫感，局部拉直则凸显右侧横梁的存在感。因此，借助一道仿若闪电的造型天花板，左高右低地贯穿此区，内藏间接照明凸显天花板高度，下方则悬挂带有少量水晶珠的球形灯，以平衡这个不对称的空间。

图片提供 © 山澄空间设计

314 柜体装设间接照明为空间加添轻盈感

开放式的空间里，客厅、餐厅和书房连成一气，一览无遗。因右侧有窗户提供充足的光线，设计师把照明的重点摆在左侧，除了天花板的嵌灯外，以柜体上下两侧设有间接光源作为空间主要照明，不但可以让柜体看起来更轻盈、不厚重，更能渲染空间气氛。

图片提供 © PartiDeaign Studio

315 在室内打造亮眼的光之井

透天别墅在平面的中央配置楼梯。考虑到此区无天窗、侧向采光又与外窗隔了一大段距离，故借助灯光来营造舒畅的空间感。楼梯间顶端悬挂的数盏吊灯，成为空间焦点，并补足此区较暗的缺点。以工字钢打造的楼梯，透空造型则让光线能够无碍地照亮这道垂直动线。

图片提供 © 上景室内装修设计

315

316 光带营造出冉冉上升的画面感

灯光除了带来明亮，更可成为空间画面的设计秘技。为了凸显出大宅空间的气度，电视墙选择天然石材来营造尊贵感，并以左右对称的光带来彩绘出华美而优雅的画面，光带既可衬托石材的亮洁质地，也能营造出冉冉上升的空间感，同时灯光所呈现的灵动感也非其他材质所能比拟的。

图片提供 © 成舍室内设计·工程

317 用间接照明化解横梁问题

客厅的横梁利用木作层层包覆，其中装设日光灯，以光线化解窘迫的横梁问题，进而成为空间的特色之一。层板高度差控制在 10~12cm，并舍弃非必要的遮板，兼顾灯光的照射以及后续的维护。

图片提供 © 德力设计

318 一石二鸟的照明设计

设计师希望让使用者经过廊道时就能感受到浴室静谧放松的氛围，因此廊道天花板不设照明，只用下照式 LED 灯凸显展示柜上的展品，并间接为廊道提供照明。

图片提供 © 沈志忠联合设计 | 建构线设计

319 以灯光搭配天花板虚化屋梁感

不想让突兀的大梁成为开放式公共空间中的视觉障碍，但又不希望空间因天花板而降低屋高，因此，设计装修时将空调及管道等全部整合至大梁侧边，再以简单的遮板来做出造型，而左右两侧则在高处加入黄光嵌灯衬托出屋高与温暖氛围；另外，走道也成功运用整排嵌灯，减少低矮空间的压迫感。

图片提供 © 成舍室内设计·工程

316

320 利用照明让缺点变优点

原本客厅和厨房的天花板上有大梁，而且厨房较低矮，和客厅的天花板形成高低落差。为了修饰这两个缺点，设计师特别在梁下打造木作天花板并延伸到厨房，让两个空间的高度一致。并且在天花板上方设置长条形光沟式照明，其造型独特，呼应客厅与书房的整体设计。餐厅再以黑色吊灯，达到画龙点睛的效果。

图片提供 © PartiDeaign Studio

321 运用间照与线条来凸显宽敞感

床头因有大梁，打造一道深色木作的大型壁饰，就能避开梁压床的风水忌讳。壁饰的两侧设有间接照明，直向线条能让天花板更显高敞；左右两侧的矮天花板亦藏了间接灯光，用以提供全室的基础照明，也避开直照床的忌讳。床背板的横向凹槽内嵌镜面与灯，可当睡前阅读灯。床头左右两边各放一盏台灯，既是夜灯，也能增强空间的对称感。

图片提供 © 达圆设计

322 柔和顶光彰显优雅气质

宽敞的主卧采取旅馆式规划：一进门，左侧以透明玻璃墙隔出更衣间；斜铺的铜褐色复古地砖引导脚步走向里面的睡眠区，并借助质感来营造优雅又沉稳的调性。长形通道借助天花板折射而下的均质光线来彰显铺面质感，间接灯光吻合柔和的氛围并制造出高大华美的视觉感受。

图片提供 © 舍子美学设计

323 L 形的光带营造宁静沉稳的空间感

卧房的隔壁就是卫浴空间，由于卫浴没有对外的开窗易显阴暗，设计师特别将墙面上方以玻璃作为隔墙，让卧室的灯光可以透入，使卫浴更明亮。卧房的主灯是玻璃墙下方 L 形的光带，线性的照明低调沉稳，具有洗墙效果，更能凸显两个不同材质的墙面，展现虚实结合的空间美感。

图片提供 © 沈志忠联合设计 | 建构线设计

323

324

325

324 **镜面反射映照自然风景，营造开阔感**

此浴室的设计重点在于利用墙面反射营造出空间开阔感，整面开阔窗景映入其间，随着人移动的位置，镜面同时照亮风景。浴室建材以深色石材为主，自然采光和镜面反射可柔化空间，另在有高度落差的层板灯投射下，在洗手台、浴缸形成亮度错落的层次感，营造轻盈的光影效果。

图片提供 ◎ 近境制作

325 **通透梯体让光线流动**

位于平面中央的楼梯，使用铁件扶手，将梯体的线条简化，达到最大化的通透效果。此手法除了展现空间宽度之外，还可利用两侧空间透入的光线，提供适度的照明，让楼梯无须再增加吸顶灯或天花板藏灯，使整个空间因为梯体展现出宽敞的空间感。

图片提供 ◎ 长禾设计

326 **对称手法与光线为梯间完美收尾**

透天屋最上方的楼梯间，设计师以屏风、天花板搭配光沟、主灯，并以对称手法处理相邻的3个墙面：左右使用黑玻璃落地窗，具有穿透引光效果，使空间更显宽敞；正中央的小窗以端景手法处理，为楼梯间完美收尾，成为居家的一道美景。

图片提供 ◎ 王俊宏室内设计事务所

327

328

329

327 嵌灯纵横交错，轻化玻璃屋质感

在挑高空间里的主灯，亮度不够，于是利用楼梯扶手嵌进 LED 灯，既作为照明，也指引路径。同时配合玻璃屋的设计概念，在楼板、梁柱的纵向及横向切面埋设日光灯，并顺势延伸至二楼的天花板，大大提升空间的亮度与轻盈感。

图片提供 © 奇逸空间设计

328 让踏阶变轻、楼层更高的光之魔力

由于楼高的条件足够，利用踏阶下方规划储藏室，赋予楼梯多种功能：连接区域、串联生活场景与储物，为了降低这聚合型量体的重量感，将光线从楼梯的顶端往下打，让光线顺着踏阶的钢丝扶手往下延伸；也在踏阶下方装设嵌灯，借助灯光让踏阶更具漂浮感，带出修长轻巧的视觉感受。

图片提供 © 明楼室内装修设计有限公司

329 铁件楼梯搭配间接照明，化解阴暗梯间困扰

楼梯被封闭在格局的中间，仅有梯间的小窗可以提供自然光，若采用传统泥作梯体，势必形成阴暗封闭的空间。因此，设计师打造了一座透空的铁件楼梯，加上平台下的间接照明，使光线能在梯间上下流动，轻化整个量体，减少视线阻隔，也弥补了天光不足的问题。

图片提供 © 王俊宏室内设计事务所

330 长形吊灯平衡空间的比例关系

用通透的铁质楼梯连接一、二楼。白天，阳光从落地窗进入室内，与透空的踏板、扶手演绎出迷人的光影；夜里，整个梯间以二楼天花板镶嵌的数盏嵌灯来提供基础照明。考虑到此空间贯穿了两个楼层，又悬吊了一组高尔夫球吊灯，借助吊灯的长形线条来平衡空间的比例关系，也增添行进过程中的视觉焦点。

图片提供 © 大雄设计

330

331

332

331 用线性照明消弭大梁的沉重感

横跨空间的大梁原本极为突兀，设计师因此顺着梁体设计电视墙，并且两面区隔客厅与书房，将梁体隐藏在背面，维持客厅空间的大气感。在书房一面，利用天花板的线性照明打亮空间，消弭梁体的沉重感，也提供阅读所需的照明。

图片提供 © 长禾设计

332 多层次的渐变光源让玄关舒爽宜人

4m² 的玄关天花板以"回"字布局，辅以间接照明创造出挑高的层次。壁面则以线板修饰，并以地板嵌灯由下而上照射，加上白净的地面，透亮的视觉效果使空间显得更为轻盈，甚至带有飘浮感，营造出明亮纾压的气氛。

图片提供 © 珥本设计

333 间接照明修饰斜屋顶并放大空间

顶楼加盖的房屋，为了争取较高的空间，屋顶顺着屋檐做成向两端倾斜的尖顶，所以保留一大片落地窗，迎接自然光。屋顶两端则设有间接照明照向天花板，模糊屋顶线条，也有放大空间的视觉效果。

图片提供 © 墨线设计

333

334 用天花板留明整合空间

沿着走廊配置的空间，利用不同的地板区隔空间，分别架构出玄关与餐厅。利用天花板留明方式，使两者分而不离。玄关与餐厅利用鞋柜、餐柜设计成半开放空间，利用重点式灯光打亮墙面，隐约塑造出视觉焦点的主题墙。

图片提供 © 长禾设计

335 运用延伸性增进明亮度

客厅与玄关均为柚木墙面，为了避免玄关处过于阴暗，在天花板边缘刻意预留空间装设一排暖光色灯，除了提供照明外，也借此营造明朗温暖的氛围。在客厅装设同样色系的嵌灯，让灯光穿透铸铁屏风的雕花空隙，完整呈现延伸性与协调感，营造出开阔明亮的视觉效果。

图片提供 © 达利室内设计

336 直接、间接照明共构分而不离的空间

在文化石墙面加一层白色烤漆打造电视墙，两墙之间装设间接照明，增加造型的立体感。又因为客厅与工作区之间有梁柱，为了弱化梁柱，在客厅区装设格栅天花板，内设嵌灯作为主要照明，工作区则在天花板上内嵌间接照明，以区隔区域又不破坏整体感。

图片提供 © 杰玛室内设计

337 照明循动线围塑出客厅领域

电视墙一体两面，区隔出客厅与玄关，并且界定通往房间的廊道动线。整体空间的光线安排，利用平封天花板的灯沟、走廊天花板的嵌灯，以及展示柜下方的低台度灯光，循着两条互相垂直的动线而设，勾勒出开放空间的边界。

图片提供 © 长禾设计

338 间接光影创造奢华而轻盈的空间感

经常旅行世界各地的企业家屋主，喜爱低调奢华的居家风格。挑高3.2m的开放式餐厨，在梁柱的限制下，设计师以简单线条勾勒出天花板造型，并通过明亮的灯光，光线反射在菱格纹烤漆玻璃及石材地面上，展现奢华大气而轻盈的空间感。

图片提供 © 观林室内设计

339 灯光照射出银灰洞石墙的气势

屋主喜欢阿玛尼（ARMANI CASA）风格的家具，所以客厅呈现时尚而大气的风格。客餐厅最吸睛的就是一大面银灰洞石的石墙，由4块洞石拼接而成，难得纹路一致，让墙面仿若一幅抽象画作，气势恢宏。在梁柱上方安装照灯，同时在天花板上装设嵌灯，一方面往墙面上照射，一方面照在客厅作为主照明，使墙面与电视柜不觉沉重，让空间有穿透感。

图片提供 © 墨线设计

340 用光串联墙面，放大空间

由线条不规则的美耐板组成的L形墙面，沿着此立面，藏入连续的线性灯光，将墙的两面结合为一，可串联动线，同时将电视主墙融入到空间之中，具有大面展开的延伸效果，使空间更为开阔。

图片提供 © 长禾设计

337

338
339

341 以层次交错的弧线柔化空间

以圆为整体设计概念，厨房采取开放式设计，除了平日用餐的中岛区外，特别设计一大面较浅的弧形墙柜，并加入照明，打亮女主人多年收藏的上百组咖啡杯。从展示柜到厨房与复古红砖墙，天花板以不同高低层次的弧形线条加上灯光照明，展现出光影交错的柔和层次感。

图片提供 © 艺念集私空间设计

342 多层次间接照明拉高天花板

老屋改建的住宅，改动部分格局引入自然光，为空间提供基础照明与宽敞感。同时在天花板设置不同高度的暖光间接照明，开启灯光时，立刻就能创造多层次的视觉效果，让空间更宜人。

图片提供 © 奥纮空间设计

343 修饰梁柱又营造反射光源

为了弱化与修饰厨房上方的梁柱，设计师采取斜面切割的方法切割梁柱，并在上方装设间接照明，让白色的天花板与梁柱因高低不同的光影富有层次感。正上方顶端的3个嵌灯的灯光，反射到黑色烤漆玻璃上，将光线延伸得更宽广。而流理台与客厅间的开放窗户，让客厅的光线可以透进厨房，让料理时光线更加充足。

图片提供 © 杰玛室内设计

343

344　间接照明营造居家高大宽敞的气势

居家空间面临横梁压迫的问题，设计师以间接照明化解横梁，明亮的白光也在视觉感受上拉高空间；同时紫色墙面也以白光环绕，使色泽更透亮迷人，同时呼应主体间接照明，营造出居家高大宽敞贵气感。

图片提供 © 亨羿生活空间设计

345
\+
346　间接照明与造型天花板化解歪斜空间

这是一处缺陷重重的住家空间：格局歪斜，客厅呈 L 形，在视觉观感与实际使用两方面都相当不利。因此，设计师以造型层板与间接照明重整线条，让空间呈现起伏有致的层次感，间接照明同时化解了高低不一的天花板可能出现的压迫感，将原有缺陷变成特色。

图片提供 © 大晴设计有限公司

344

345

346

347
+
348

轻盈光带连接空间，串起空间整体性

小面积的空间呈梯形，加上有屋顶横梁，使用上并不理想。设计师以间接照明环绕空间，让各功能区块相互串联，让空间更显轻巧。同时光线的轻盈层次感，让横梁化解于无形。

图片提供 © 大晴设计有限公司

350

波浪灯沟上下呼应

玄关连接到内部的餐厅与休憩区，空间以 4 个不同高低层次的架高地板界定，除了使用白色与黑色磐多魔区分，配合地面上的波浪形灯沟也上下对应，且在阶梯下方安装 LED 条灯，轻化地板。

图片提供 © 宽月空间创意

349

轻盈时髦的走廊极具科技感

连接音乐吧台与卧室的走廊，利用倾斜坡度藏入 LED 灯，加上蓝色间接照明，让动线过渡变得十分轻盈，极具未来感。对应蓝色的灯光，墙面无论用色或壁纸都大胆压低彩度，借助强烈反差来凸显空间个性。

图片提供 © 艺念集私空间设计

347

348

349

350

351

351 温暖黄光营造悬空感，化解架高突兀

在木纹搭配白色调的空间中，特别以木地板架高特定区块，以预留空间为他用并兼具座椅功能。然而，地面突然出现高低差总难免突兀，于是在架高木地板下方设置带状灯，温暖的黄光让架高区飘浮起来，以视觉上的悬空感化解突兀问题。

图片提供 © 无有建筑设计

352 光线让柜体更轻盈，空间更有趣

由于面积有限，空间功能相当集中，电视墙兼具收纳柜的功能，恐怕会有太过沉重的感觉，因此，设计师在其下方以茶镜、灯光营造悬浮感，让整个区块更显轻盈，同时也变化了线条，予人舒适的视觉效果。

图片提供 © 虫点子创意设计

353 让架高的卫浴空间飘浮起来

老屋翻新时，发现许多管线有位移情况，以致某些区块地板必须架高处理，管线甚多的卫浴就是必须架高的区域。设计师特别在地面高低差处设置灯光，一方面是安全考虑，另一方面也营造该区块的轻盈感，将空间中的尴尬化为有飘浮的美感。

图片提供 © 相即设计

353

354 间接照明化解大梁的存在

白色电视墙面，穿插着缤纷的色彩，成为客厅的视觉焦点。考虑到上端有大梁的存在，设计师特别在墙面上方规划间接照明，淡化墙缘、大梁相连的视觉感受，同时也能更好地衬托出电视墙面的特色。

图片提供 © KC Design Studio

355 光线为纯白空间制造层次感

屋主希望能生活在宽敞、明亮的居家空间里，但面积有限，所以设计师以照明配置来达成此效果：首先以高亮度的间接照明化解客厅中央的横梁问题，并在中央原本横梁位置与墙边层板设置大小嵌灯，3 种不同层次的白光，让空间既富层次感，又显得宽阔。

图片提供 © 亨羿生活空间设计

356 间接照明搭配交错造型梁，让客厅更有层次感

打通两房的住宅，客厅上方有着难以化解的横梁，设计师一改传统包梁思维，索性设置不同大小的造型梁，让纵横交错的梁构成空间的特色。由于造型梁与大量间接照明搭配得宜，梁体处光影错落而不觉压迫，完美化解了原有的尴尬。

图片提供 © 大晴设计有限公司

354

355

357 造型灯光化解天花板的压迫感

考虑面积偏小、屋高有限的问题，除规划一般由上自下投射的照明灯外，在电视墙两侧规划一组造型灯光，分别向天花板和地板打光，也有效降低了梁柱的厚重感，改善因天花板包梁、高度降低所形成的压迫感。

图片提供 © 白金里居空间设计

358 多种灯光装点空间层次

设计简洁的现代空间中，将灯光作为装点空间的亮点，除了一般间接照明、大型落地灯、可爱而简洁的餐桌吊灯……大片的造型墙上，则加入两盏设计师自行设计的压克力灯，巧妙运用玻璃和压克力的折射性，让它侧看仅是简单的透明体，正看却是灯光，创造多种视觉感受，也使空间的层次感更为明显。

图片提供 © 隐巷设计

359 玻璃材质引光入室，与间接光源共构立体悬浮感

白色系的现代空间，借助大量玻璃引光入室，书房利用钢面结合玻璃脚的手法制成书桌，搭配一张透明单椅，让它宛如隐形了，也让树梢的绿意和户外光线成为空间重点。电视墙采用钻石般的不规则切割面，一路延伸至天花板，下方打上间接灯光，加强其层次感，更具视觉张力。自然光与人工照明共同架构出此空间的立体悬浮感。

图片提供 © 界阳＆大司室内设计

359

360 巧用灯光和镜面，延伸并放大空间感

带有中式风格的客厅，巧用镜面规划一整排隐藏收纳柜，特别在柜体上下留空，借助镜面与间接照明，创造空间的延伸性与轻盈感，满足屋主的收纳需求之余，也放大空间感。

图片提供 © 白金里居空间设计

362 聪明打灯修饰梁柱的厚重感

在客厅与书房间，运用轻透玻璃搭配不同角度切割、组合而成的不锈钢，打造风格独特的电视墙，打开空间的开阔度，虽有上方巧遇大梁的窘境，却利用两盏投射灯，有效修饰其厚重感；书房吊柜下方则嵌入日光灯管，辅助阅读区的照明使用，也增加柜体的轻盈感。

图片提供 © 界阳＆大司室内设计

361 照明让柜体飘浮，空间更开阔

客厅兼视听室与书房的复合功能空间中，设计师以白色调与木纹搭配，营造清爽的空间感。为了让有限的空间呈现更为宽敞的视觉感受，特别在天花板与电视柜体设置间接照明，加添光影层次，使空间显得更为开阔。

图片提供 © 芽米空间设计

360

361

362

363

363 镜面与光线让空间变得更轻盈宽敞

光线与镜面应用得宜，在视觉上就能制造轻盈、宽敞的感受，因此，设计师在居家空间里特别采用了 LED 灯、镜面柜体和镜子，当光线发散并经过多次反射，使空间产生视觉上的扩张效果，给人宽敞轻盈的舒适感受。

图片提供 © Simone Micheli Architectural Hero

364 悬空打光让空间漂浮起来

拆除原始隔墙改以玻璃，带来穿透性的视觉效果，在架高的地板下方采用悬空打光的方式，作为空间分界，也带来轻盈、漂浮感。在一体成型的卧床、边柜和窗边卧榻下方，加入悬空打光设计，营造出漂浮、轻盈的视觉感。

图片提供 © 界阳 & 大司室内设计

365 隐藏的间接照明，让空间更完美

光影效果柔和的灯光除了有照明功能外，也具有影响空间线条的视觉效果。当长梁横跨室内，若采取传统包覆手法，势必降低空间高度。所以特地在横梁侧边设置间接照明，使其线条柔和且更显高挑，使本是缺陷的横梁成为空间中的亮点。

图片提供 © 欧斯堤有限公司

修饰空间

366 光线引导并界定开放和室

增建出去的玻璃和室，在格栅天花板上方局部使用强化玻璃，达到良好的三面采光效果。由于和室位于动线上，高低层次的踏阶加入灯光引导动线，加上廊道与和室灯光色温不同，成为另类的空间界定。此外，地板使用立体花纹的进口美耐板，局部亮面可在灯光反射下显现出纹路。

图片提供 © 艺念集私空间设计

367 减少过多的装饰，明亮灯光让空间放大

小面积的浴室不做太多装饰与复杂的天花板灯光设计，无框式的淋浴间降低视觉的阻隔性，再利用色温较高、偏白光的嵌灯做照明，让空间更加明亮以降低压迫感；镜柜上下加入打光，方便日常照明使用。

图片提供 © 白金里居空间设计

368 向上打光消除大梁压迫感

受房屋跨距较宽影响，虽梁柱较少，却较一般空间大了许多。为此，设计师采用露梁方式以争取空间高度，并别出心裁地利用实木格栅条包覆大梁，中央铁制凹槽内藏向上打灯，有效消除大梁的压迫感，让空间更轻盈。

图片提供 © 隐巷设计

366

367

368

369 不同面向打光创造空间层次感

于质感低调的墙面，运用 L 形铁架搭配喷砂玻璃制成造型灯，其利落的造型映照出空间宁静感。旁侧的玻璃屏风，则在上方加入一盏可调角度的投射灯，创造视觉焦点，再搭配天花板、壁面、柜底等不同面向的灯光，成功创造空间的层次感，降低小面积住宅的压迫感。

图片提供 © 品桢室内空间设计

370 层板灯作间接照明降低压迫感

这间主卧原本结构存在直柱造成多处棱角，设计师利用间接照明降低压迫感，在天花板上安装圆弧造型的层板灯可柔和氛围，并能切换成夜间小灯模式。且在床头使用隐藏式光源，加上白色花案壁纸营造气氛，可降低收纳柜体重量感，让人感到轻松舒服。

图片提供 © 采荷设计

371 地板灯让床体飘浮，空间更显开阔

设计师别出心裁地在卧房地面设置了环绕床体的光带，让床体呈现飘然悬浮的视觉效果，更显轻盈，为空间创造出与众不同的层次感，以特殊手法让空间更显开阔。

图片提供 © PS百速 | 设计建筑

371

372 打造舒爽明亮的玄关风景

玄关是进入空间的第一道风景。以烤漆与木作贴皮区隔此区域，营造出贴近自然的况味。采用单向导斜方式配置日光灯管，为了增加亮度，另辅以 LED 嵌灯，木作平台下方亦设置有嵌灯，3 种不同层次的光源，让玄关显得轻盈明亮，层次多变。

图片提供 © 珥本设计

373 投射灯光创造波浪光谱

墙面的不规则拼贴是巧思的细腻设计，由于整个室内建材色调相当简单，因此设计师刻意以投射灯的间接光源，投射在大理石墙上，形成波浪般的光谱，加上不规则的墙面拼贴手法，既能维持原有大气沉稳的石材本色，又让整个空间活跃而显现流动感。

图片提供 © 近境制作

374 格栅天花板与灯光，创造室内的阳光感

浴室没有对外开窗，即使空间再大也难免让人觉得阴暗潮湿。为了修饰这个缺陷，设计师别出心裁地在淋浴室的天花板上设计格栅，让灯光从格栅上方向下照，营造出有如阳光照射般的光线，让人在淋浴时，有如沐浴在阳光下一般舒适。

图片提供 © 沈志忠联合设计｜建构线设计

375-500 造型风格

当光线穿透造型独特的灯罩，或通过别出心裁的手法
展演姿态，照明就不只是为空间提供亮度的设备，更
是性格与品位的象征。

375 优雅灯光诠释"钻石"主题

素雅的白色客厅，天花板与墙面的间接照明带出低调又奢华的风格。屋顶天花板弧状表面勾勒出犹如钻石切割面的线条，底端的木作天花板则内藏一圈 LED 灯，让光影凸显出切割线与屋顶弧面的立体感。沙发后方藏有一道间接照明，往上晕开的灯光，让背墙镶嵌的数排小菱镜熠熠生辉，炫目的反射光线诠释了"钻石"这个装饰主题。

图片提供 © 幸福生活研究院

376 树影与月亮铺陈甜美童话

为孩子打造的游戏室，天地壁以二维（2D）造型与三维（3D）光影营造出仿如童话般的区域。白色的树状木作从地板往上延伸至天花板；墙面的浅绿花壁纸带来了自然绿意；木作后方暗藏灯具，柔和背光拉出重重树影。白色的麻球（Moooi Random Light）玻璃纤维吊灯营造出纤细、灵巧的月亮形象。地板的半圆光罩则为空间带来超现实的梦幻氛围。

图片提供 © 幸福生活研究院

377 微光映衬着深邃的立体天花板

纯白的时尚空间以高处的一排壁灯来映出空间感，并提供此区的基础照明。通往客厅的廊道走低调奢华风。地板以黑白小马赛克打造出仿若织花地毯般的华丽图案。带有深度的立体造型天花板内嵌镜面，表层交织着木作菱格，格子框架的底端镶嵌整排小颗 LED 灯，强化菱格的造型，并呼应了天花板内部的深邃感。

图片提供 © 幸福生活研究院

378 放射状光芒彰显圆形天花板的层次

这个餐厅因为屋主的一张圆桌，而选用圆形的天花板与主灯。通常多层次的造型天花板每层深度20~40cm，但考虑到空间不高，因此，每层落差在10cm以内。这个浅层的造型天花板搭配了一盏圆形的水晶吊灯，水晶珠折射的璀璨光芒映照到造型天花板，放射状的光线，凸显了"圆"的意象。

图片提供 © 达圆设计

379 百搭不败的简约风吊灯

设计主题设定为南法风格的小住宅，木作不刻意做到线板，而是通过家具、壁纸等软件来营造法式乡村风。选用一盏平价吊灯来当餐厅主灯，该吊灯的半球形灯罩，属于典型的现代北欧风。灯具通过白色色调来衔接整体空间，简约造型也让南法风格更显轻盈。

图片提供 © 舍子美学设计

380 反间照凸显客餐厅的交界

开放式的客餐厅，餐厅沿着四周横梁设计局部天花板。天花板里藏的间接灯光采用"反间照"的手法；光线不是朝下落在餐桌，而是往上投射，彰显了客餐厅之间的分界。雪花石吊灯，以略带厚重暖意的光线带出用餐时的温馨感。

图片提供 © 达圆设计

381 灯光映照全家聚餐的温馨

透明长窗与同属玻璃材质的拉门，使厨房在白日享有更多阳光。开放式客餐厅不设主灯，仅在餐桌上方悬挂吊灯以凝聚空间焦点。5盏乐器造型吊灯排成一列，呼应了长桌的比例，并提供桌面充足的光线。

图片提供 © 光合空间设计

381

382 灯光与管线是水泥墙上的完美装饰

在洛夫特（Loft）风格的居家中，裸露在水泥粉光墙面、天花板上的管线，俨然成为最具特色的空间装饰。可转动方向的投射灯光可随屋主的心情或需要照亮不同的生活主角，让书墙变得更闪耀。挂画能够吸睛聚焦，让空间与生活的重点由自己来决定。

图片提供 © 成舍室内设计·工程

383 戏剧性洗墙光铺就唯美背景

喜爱搜藏画作的屋主，希望能在这间用来招待亲朋好友的度假屋展示其艺术收藏。鉴于客厅为狭长格局，再加上必须有充足光线来打亮画作，于是这里舍弃了装设主灯与间接照明的惯用手法，改以多盏大小嵌灯带来的戏剧性聚光，为画作打造专属背景。

图片提供 © 达圆设计

384 抢眼落地灯点亮纽约洛夫特（Loft）风

在简约而率性的现代洛夫特（Loft）风格住宅中，刻意挑选一盏抢眼的红色立灯，让灯光除了有照明与酝酿氛围的功能外，更升级为客厅空间的主角，让所有光线聚集于此，而整个天花板所映照出的光影也提升了空间的精致美感。另一方面，其简约现代的造型也为空间风格下了一个最佳的定义。

图片提供 © 成舍室内设计·工程

384

385

386

387

385 水滴形吊灯形成视觉焦点

地板架高、半开放式的书房空间。由于书房必须满足屋主一家 3 口共同阅读的需求，因此设计师特别设计长条形的书桌，再搭配 3 个水滴形的小吊灯打造书房的气质与造型。从客厅望向书房，亦可看见这 3 盏造型独特的吊灯，形成视觉焦点。书房内另设有间接照明，增加照明强度。

图片提供 © PartiDesign Studio

386 + 387 前卫造型吊灯呼应空间主色

这套前卫的现代风空间虽然仅有 60m²，但是因格局开放而不显狭隘。为避免视觉有重叠感，在灯光规划上舍弃客厅主灯的安排，改以可调角度的成排投射灯取代，而将装饰空间的主角让给吧台区的吊灯。特别挑选的黑、红配色造型吊灯与空间的主色相呼应，充分展现现代风格的个性。

图片提供 © 成舍室内设计·工程

388 来场光与造型的点线面游戏

挑高约 8m 的公共空间，通过不对称手法来打破各区隔断。墙边错落有致地悬着一排藤球灯。天然质感吻合整体调性，发散性光源亦能提供宜人的照度。由于此区有阅读、写字的需求，数盏投射灯的聚焦式光源可局部打亮桌面。墙面藏了间接灯光，从中流泻而下的光线强调出墙面质感，并再次勾勒出墙面的带状造型。

图片提供 © 光合空间设计

388

389

389 楼梯结合照明与装饰趣味

利用先天的挑高优势来规划小阁楼，并以不规则的弧线与透空的圆洞来打造充满童趣的楼梯扶手。由于天花板较高，吸顶灯难以提供足够亮度，而一般的吊灯或壁灯又恐人在上下之际会不小心磕碰到，故仅以天花板的多盏嵌灯提供基础照明，并在扶手侧面设3盏圆形壁灯以提高亮度，同时强化扶手的圆弧造型。

图片提供 © 舍子美学设计

390 与冉冉升空的气球一起入梦

看腻了工整对称，且有些呆板的床头式台灯，不妨换个造型壁灯来增加卧室的浪漫气氛吧！当初因屋主选定了这组气球造型灯后，让设计师想出更浪漫的创意，决定以精致的彩绘设计让墙面变成飘着气球的紫色天空，而高低参差的气球灯则成为整个房间的亮点。

图片提供 © 摩登雅舍室内装修

391 光感主墙营造出轻盈新东方风格
+
392

不同于一般单纯贴壁纸，或者绷布造型的床头设计，设计师为打造出屋主喜欢的新东方风格，特别以木质素材做出细致又规则的格栅墙。但因担心大量木色易让空间显得沉闷，特别在木格栅墙的后方打上灯光，以光感的床头主墙搭配天花板造型木梁上的上照式光源，成功地营造出明快又新颖的新东方风格。

图片提供 © 摩登雅舍室内装修

390

391

392

393

393 用灯具创造低调简约的风格

由于餐厨空间正对着阳台的好风景，设计师特别在餐厅选择这款低调的灯具，其不会阻挡从厨房望向阳台的视线，黑色的灯体不突出，不会抢走空间的风采，细长直线的造型亦呼应日式简约的风格。厨房后方有一小块空间，因此开了一道长形小窗增加采光，建构出低调有型的光源风格。

图片提供 © 诺禾室内设计

394 烟囱造型的创意吊灯

设计师在厨房特别设计了一款由铁件与原木打造的烟囱造型吊灯，灯线主体简洁，铁件四周节点可活动，让灯具不显厚重。灯具上亦可吊餐具或杯子，更具实用性。右侧餐柜采用光带型照明，高中低的设计可照亮屋主的收藏品，同时表现层次感。

图片提供 © 沈志忠联合设计 | 建构线设计

395 造型各异的陶瓷吊灯活泼讨喜

餐桌与天花板之间有着足够的距离与空间，被视为空间装饰的重要舞台，因此，市面上不乏各式风格的餐桌吊灯。此案设计师在现代空间中选择与背景相衬的白色陶瓷灯组，但有趣的是两盏相似但不同款的灯饰组合，为空间带来更活泼的视觉变化与话题。

图片提供 © 成舍室内设计·工程

396 天花板结合灯光展现大气感

整体以黑灰色元素展现出前卫、简洁的面貌及科技感。餐厅舍弃主灯搭配次灯的常见做法，改以数盏嵌灯镶在涂刷成深灰色的天花板，再以一道道的纯白色木梁勾勒出线性美。整个天花板就是超大型的灯具，少了主灯，让空间更显干净、大气。

图片提供 © 舍子美学设计

396

397 自然系灯饰营造休闲空间美感

为了帮屋主打造出以大地色彩与木、石材料为主的疗愈系空间，在餐区灯光的运用上特别挑选了自然造型的北欧风格鹿角灯，除了色彩与家具十分映衬外，灯饰本身的淳朴质感与生动造型也相当吸引人，使之成为开放式客、餐厅中最吸睛的焦点。

图片提供 © 摩登雅舍室内装修

398 复古典雅主灯带出温暖乡村风

在美式乡村风格的空间内少不了一盏温暖人心的主灯，通过灯光可将设计精巧、质感自然的造型天花板映照出更立体的光影。另外，墙面色彩与家具风格也能表现得更到位。一盏具复古美感的乡村风吊灯，搭配沙发旁同系列壁灯与锻铁挂饰，让空间呈现出迷人的美式乡村风格。

图片提供 © 摩登雅舍室内装修

399 "猫走路"壁灯洋溢幽默自然风

担心仅 70m² 的空间会有狭隘感，因此特别运用大量清浅色调的梧桐木皮，为空间塑造出休闲氛围。此外，在灯光的配置上也相当用心，除了各区有主灯与嵌灯的搭配，在进入卧房的过场走道上也精心挑选了"猫走路"壁灯，不仅可作为夜灯提供夜间照明，俏皮造型也完全符合休闲自然风格，不禁让人会心一笑。

图片提供 © 成舍室内设计·工程

400 不同风格的灯具带来生命力

以原木家具布置的角落，展现出北欧乡村风的简朴与厚重。吊灯往下投射的灯光，局部打亮了桌面及其周围，同时也洗出墙面的质感，展现出温馨的氛围。两盏玻璃筒形吊灯，一高一低地悬挂，金褐色的灯罩无论是造型、材质与悬吊的方式，皆为现代元素或手法，为略显沉重的深色原木注入了生命力。

图片提供 © 舍子美学设计

397

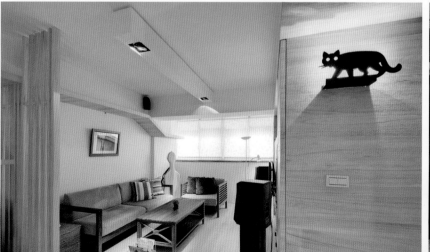

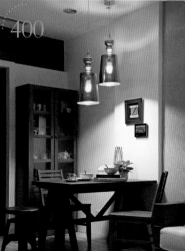

401 + 402 古山水画情境带入灯光设计

居家的入口处以一道中式雕花屏风，分隔玄关和书房，搭配一盏日食造型吊灯，为现代居家注入些许中式意象。天花板灯光设计灵感则取自古山水画行云流水的概念，借助大理石面映照上方灯光，各自形成"行云（天花）"、"流水（地板）"两种意象，借助其干净利落的流线造型，呈现现代化中式元素。

图片提供 © 怀特室内设计

403 用一盏灯，展现材质个性

卧房规划偏属自然休闲的北欧风格，设计师于是在床头规划一面文化石主墙，增设一盏壁灯映照出石材的粗犷感，在舒适的规划中，亦彰显其个性；衣橱结合玻璃展示柜，营造更多的视觉变化。

图片提供 © 界阳＆大司室内设计

403

404 温润主灯为空间注入一丝温暖

界定餐厅的柜体利用隐藏把手与门片切割，塑造出风格大墙，中段结合展示用的开放式玻璃层板，灯光的效果可轻化量体厚重感。餐桌上方则选用圆形的主灯组合，温润的色温和造型可增添料理的美味，同时也为稍冷调的空间带来一丝温暖。

图片提供 © 长禾设计

405 素雅淡色吊灯自然融入空间

线条秀雅的筒形吊灯很自然地融入秀气雅致的空间里。有一定分量的灯体在同色调的空间中也足以引人注目，形似灯笼的外形略带东方韵味，为空间中注入细腻的人文感。

图片提供 © 甘纳空间设计

406 透镜原理打光，让白墙活泼起来

这款灯具的设计灵感来自上下凸透镜，通过光线照射产生上下 V 形的光带。虽然是浅浅的一道光带，却因为结合了照明与空间墙面的雕塑感，让这片留白的墙面显现出视觉上的趣味性。

图片提供 © 禾筑国际设计

407 与桌灯一起回归自然

书房以黄金奇异果的绿色为书墙背景色，搭配浅木色的层板，选用来自丹麦品牌的伍德氏（Wood lamp）桌灯，桌灯以简单的枫木与金属零件为素材，简约清爽的造型搭配绿色塑料电线，映衬纯白的百叶窗，也呼应朴质温润的木地板，营造出在森林中阅读的情境。

图片提供 © 明楼室内装修设计有限公司

404

408 艺术化灯具让空间更具质感

想要提升居家的品质，展现个人独特的品位，除了采取常见的画作或雕塑品之外，高度艺术化的造型灯具亦能达成同样的效果。沙发旁摆设一座树状立灯，由小型灯泡的点点光芒构成火树银花的视觉效果，成为空间中凝聚视线的焦点。

图片提供 © 欧斯堤有限公司

409 LED 蜡烛灯增添用餐趣味

圆形餐桌配搭圆形的造型吊灯，使空间呈现一致性与协调感，加上造型别具一格的烛台吊灯，为用餐增添了些许趣味。低温节能的 LED 蜡烛灯在造型抢眼之余，也能兼顾实用与环保。

图片提供 © 珥本设计

410 岛屿天花板与热气球造型灯，表现时尚空间里的纯真

采用带状 LED 灯，沿着不规则圆弧形的天花板环绕，成为一座悬挂在天花板的"小岛"，飘在开放式厨餐厅顶端。餐桌上方垂挂两盏仿若热气球的吊灯，为冷酷的黑白时尚餐厨带入童趣与色彩。对于位于楼中楼的卧室，厨餐厅顶端的"岛屿"成了飘浮在天空的云朵。在不同楼层中，相同的天花板设计与主灯，却能制造出多样风景。

图片提供 © 明楼室内装修设计有限公司

411 名师设计的复刻版吊灯

挑高空间中让大片落地窗透入自然光，窗外城市仿佛成为风景相片，所以设计穿透式阶梯，以免破坏窗外整体风景。因为空间高度够，可以悬挂大型吊灯且不显突兀，便采用名师制作的复刻版蜡烛灯饰"盛夏果实"的，并成为整间吸睛的装饰。

图片提供 © 只设计·部室内装修设计

408

410

411

241

412

412 定制大型吊灯搭配中岛吧台餐桌

开放式餐厨的中岛吧台与餐桌结合一体，是用餐或与亲友小酌的位置，由于并无明确隔断，故以独特的设计打造区块属性，特别定制以黑铁件搭配布面的特大型吊灯，其超大体积与利落的线条令人印象深刻，既与区块一体成型又独特亮眼。

图片提供 © 橙白室内装修设计

413 华丽水晶灯兼顾明亮与延伸视觉的效果

室内空间面积不大，以浅白壁面搭配木质家具，并利用线板的修饰，让天花板向上延伸出层次感。再于餐厅搭配一盏华丽的透明水晶吊灯，灯亮时不仅呈现新古典的富丽氛围，亦让空间有上升的效果，使餐厅显得宽敞而挑高，融入清爽简约的居家空间中，也不感到突兀。

图片提供 © 达利室内设计

414 投射灿烂光影，让空间惊艳迷人

灯具的造型不仅在于灯体的特殊性，其投射出来的光影效果也相当值得注意。天花板垂吊的尼龙线灯的繁复纹路，通过光线投射到壁面，构出华丽炫目的光影；一旁立灯则用灯泡向上打光，经由白铁大圆盘反射，使得光照范围更大更明亮。两盏光影效果奇佳的灯具，为空间创造令人惊艳的视觉享受。

图片提供 © 甘纳空间设计

414

型风格

415 球形吊灯与大红色墙面相映成趣

开放式餐厅的墙面大胆地选用了大红色，令人相当惊艳，但这种亮丽的颜色必须要有光线辅助才能凸显美感。因此除了设置小巧嵌灯提供基本的洗墙效果外，还搭配3盏纯白的球形吊灯，让墙面的光影更具变化性，同时红白的强烈对比，如同空间里的一幅画。

图片提供 © 虫点子创意设计

416 黄黑配色的简洁造型灯，带来用餐趣味

用餐是居家生活最重要的活动之一，若能选对餐灯，对于用餐的环境将大为加分。半椭圆球的灯罩外侧为纯黑色，里面为金黄色，对比明显且有趣，温暖的黄光从中洒落，视觉感受相当温和，光线柔化了外侧的黑，使餐灯显得抢眼而不过度刺激。

图片提供 © 橙白室内装修设计

417 经典松果灯呼应居家森林意象

餐厅以木材为主要素材，搭配一面林木剪影的造型屏风，展现轻松休闲的生活氛围。在餐桌上方悬吊一盏经典北欧风的松果灯，呼应空间的森林意象，其层层铝板的造型设计，让灯光不会直接射入眼睛，而是透过折射，为空间注入柔和光线。

图片提供 © 品桢室内空间设计

415

416

418 巧用灯光打造室内"银河"

利用一木制栏栅划分出正式和休闲两种功能的客厅，空间尾端立起一片薄型、可透光的云石作为端景墙，自后方打上均亮的灯光，独特而大气。过道天花板则利用一片激光冲孔钢板结合光线打造，当灯光亮起时，上千个小孔形成一条流水状的灯光带，宛如暗夜的银河，甚是动人，并可变换不同色彩。

图片提供 © 隐巷设计

419 不对称球形灯具让光影更立体

市区内的独栋别墅，毗邻餐厅旁的梯间转角，设计师以格栅作为扶手兼端景墙，并在此摆放屋主喜爱的艺术作品，搭配大小不一的有融合意味的球形灯具，而高度、尺寸的不对称，则让光影有立体的效果，也创造出独特的艺廊风格。

图片提供 © 观林室内设计

420 大红色立灯是现代中国风家居的绝配

以木材与深色家具打造兼具现代感与中国风的居住空间，在其间摆设一座大型红色立灯，其色调与样式成为会客空间中的焦点，为沉静的空间注入活力，即使不开灯，也是绝佳的立体装饰，是这类空间的绝佳搭配。

图片提供 © 橙白室内装修设计

418

419

421

421 造型特殊的摄影棚灯带出空间鲜明个性

空间本身的采光相当好，故将室外材质拉进室内做壁面规划，旁侧摆上一盏造型特殊的摄影棚灯，对比质感低调的清水模，虽个性鲜明，却更显柔和。

图片提供 © 品桢室内空间设计

422 迷你水晶吊灯低调华丽地点缀卧房

在光照充足得足以成为主要光源的美式乡村风卧房中，屋主希望床头能有一盏吊灯点缀。设计师特别选了一盏迷你的铁件水晶灯，中央的蜡烛形灯泡发出温暖的光色，予人低调中略带些许奢华的感受，将空间的整体质感装点得更为雅致。

图片提供 © 橙白室内装修设计

423 造型灯具平衡居家的冷与热

在开放式的餐厅和吧台放上3盏蛋形吊灯做同类型的视觉延伸，其圆弧造型，柔和了大量笔直线条所带来的生硬感；灯罩采用全玻璃材质制成，看似内敛却极具现代感，对应着空间沉稳的日式风格，调节出恰到好处的生活调性。

图片提供 © 隐巷设计

424 线球灯如居家中的一轮明月

北欧风的空间设计概念以简单素雅为主，在用餐区域，选用了一盏略具东方风味线球灯，从黑色的线球灯体中透出温暖的光线，宛如一轮朦胧明月，视觉感突出而舒适，使空间仿佛有了故事性。

图片提供 © 橙白室内装修设计

425 高质感的欧系实木灯饰别具风格

以松木制成的灯座，辅以实木薄片制作的灯罩，不同于其他灯具的制式设计，手工灯饰别有一番风味。灯罩离地160cm，既能强化视觉效果，又不至于干扰日常活动，是吧台与餐桌最适宜的悬挂高度。

图片提供 © 德力设计

426 烘托主人品位的立灯

在居家的玄关处，利用玻璃贴压克力板制成一棵树的样子，搭配LED灯进行打光，平衡了现代空间的冷调；角落放上一盏精心挑选的立灯，除照明功能外，其独特造型宛如一件艺术品，彰显出主人的品位。

图片提供 © 界阳＆大司室内设计

424

425

427 "花火"与色彩的协奏

名为"花火"的造型球状灯具，由铁丝串起数10个LED小灯泡，结构错落有致，点亮时宛若烟火般灿烂，熄灯时利落的金属质感又是另一种特色，相当抢眼又不致过分夸张，与蓝灰色墙面相互映衬，凸显彼此的特质，在空间中构建出具有独特调性的区块。

图片提供 ⓒ 非关设计

428 灯饰让居家华美如仙境

在只有灰、褐两色，极为简约的客厅，花岗岩拼成的大型墙面中，一盏压克力、巴洛克风格的透明菱形壁灯，成为空间的焦点。设计师巧妙地采用反射灯泡，让灯光往压克力灯罩照射，让灯罩边框的花饰照映到墙面，映射出梦幻又华丽的图案。

图片提供 ⓒ 杰玛室内设计

429 铝制吊灯点出居家的休闲风格

在现代休闲风格的居家，用一盏北欧风格的铝制吊灯作为餐厅主灯，借助铝板反射散发出柔和灯光，好搭配却不失个性，其充满现代感的鲜明造型，即使不开灯，也很好看。

图片提供 ⓒ 品桢室内空间设计

428

429

430 L形光带与线形灯条为居家导入时尚感

居家空间可以容纳的设计形式远比想象中多得
多，有时为日常生活空间添入一些现代感设计
也相当有趣。设计师在架高的开放式厨房侧边，
以L形光带明确定义空间范围，并搭配错落有
致的线形灯条与整齐排列的嵌灯，使空间呈现
时尚风格。

图片提供 ⓒ 相即设计

431 黑色布罩吊灯创造空间视觉感

餐桌上使用黑色布罩吊灯，和同为黑色系的餐
桌相呼应。尤其是以白色为底色的绝大部分空
间里，设计师特别强调黑色布罩吊灯的"大"，
且在白色为底色的空间本会产生均匀光线，因
此更须注重空间视觉感，而非关注亮度，因此
挑选了这款灯具。

图片提供 ⓒ 近境制作

432 混搭名灯创造全新风情

西班牙设计师所设计的餐厅吊灯，搭配意大利
设计师的立灯，在中亚民族风的空间配色以及
来自世界各地的家饰收藏的衬托下，彰显出缤
纷多元的混搭美学。

图片提供 ⓒ 德力设计

430

433 水晶花瓶吊灯化身艺术摆设

重视居家美学的夫妻俩，期望公共区域能以现代、简约的质感为主轴，在温润柔和的木餐桌椅的运用下，设计师特别搭配一盏水晶花瓶吊灯，其线条呼应屋主喜爱的简约内敛，且散发柔和的灯光，独特的花瓶造型亦成为厅区装饰。

图片提供 © a space..design

434 伊东丰雄设计的一轮明月

在挑高的楼中楼客厅，选择日本名建筑师伊东丰雄设计的圆形吊灯，此灯以圆形玻璃纤维罩罩在圆形灯泡外面，像是月圆时分的月亮。玻璃纤维被灯光照映在墙面，又会出现漂亮的纹路，且白色的灯体与白色的文化石墙相呼应，呈现洁净祥和的氛围，且灯光360°散发，可以作为一楼到二楼的楼梯照明及装饰。

图片提供 © 杰玛室内设计

435 轨道灯与3盏吊灯共展的设计感

一大片白墙从玄关向内延伸，木头书架书脊的多姿多彩，为单调的墙面添加彩度，书架前装设轨道灯，提供书架照明。餐桌上方则装上3盏同样玻璃材质，但颜色却是灰色与金铜色，外形各异的吊灯，为直线条的空间增添流线感。

图片提供 © 只设计 · 部室内装修设计

433

436 + 437 桦木吊灯做材质的延续

延续空间的木材，在餐桌上方配搭一盏桦木的长形吊灯，相较不锈钢的现代感，更具生活感；其长形灯体，可运用两条不锈钢绳跨梁悬吊，克服了餐桌上方大梁横跨的问题，不需再做特别包覆，有效避免高度降低形成的压迫感。

图片提供 © 品桢室内空间设计

438 混搭的灯光让空间更迷人

简化工业风设计的餐厅展现出素材最原始的面貌。墙壁与天花板为粗犷的清水泥。深色木作的窗帘盒上方设计情境式照明，温润暖光打亮了楼梯板的粗面质感。整个用餐区的主照明为3盏投射灯。窗边摆放中式花几般的木作家具，内藏的灯盏，是角落低调而抢眼的主灯。

图片提供 © 大雄设计

438

439 风格立灯为空间加分

从事艺术创作工作的屋主夫妇，相当重视居家空间的风格呈现，将整体基调设定为两人偏爱洛夫特（Loft）风格。铁件书架、随意摆放的画作，再搭配一盏的探照灯造型立灯，烘托空间复古个性，充分展现屋主的个人品位。

图片提供 © 隐巷设计

440 茶几与立灯的合体

设计师特别找来这盏落地立灯，灯本身即是结合立灯与茶几的特殊设计灯饰，其兼具时尚与实用性，与周边家具搭配，展现出屋主特殊的品位与眼光。

图片提供 © 品桢室内空间设计

441 摄影棚灯造型立灯展现俏皮情趣

摄影棚灯造型的立灯，可随时调整照明角度，并随着日夜晨昏营造适合的亮度，在空间上创造更多变化性。尤其是铺设毛地毯搭配布面沙发后，黑色摄影棚灯立灯和圆形木桌相呼应，也让原本平淡的居家气息展现出俏皮的情趣。

图片提供 © 近境制作

439

440

442

443

442 白墙与投影钟的趣味

刻意在面积不大的卧室白墙上，安排投影时钟作为墙面装饰，通过大型的投影创造诙谐有趣的氛围，让空间多了些趣味，也可营造不同的睡眠环境。

图片提供 © 馥阁设计

443 柱状纯白立灯是白色空间的绝配

好看的灯具不一定要有繁复的纹饰或花哨的造型，有时简单利落的线条也自有一番风情，只要摆对了位置，就能为空间加分。在以白色为主色调的客厅内设置柱状纯白立灯，既协调又能凝聚视线，其光影变化又为空间带来律动感，两者相互搭配之下，更显美感。

图片提供 © 欧斯堤有限公司

444 光，也是一种艺术品

想变化空间表情，光线装饰无疑是最有效率的方式之一；即使没有任何的实质使用目的，光也可以成为空间里的艺术品。在水池旁的墙面上设置错落有致、形似蝶舞的点状光源，其与水面波光相呼应，成为空间里最赏心悦目的角落。

图片提供 © 欧斯堤有限公司

445 散发低调优雅的空间调性

因屋主拥有许多收藏品，设计师运用楼层的高低差，结合色彩、线条及格局，将各收藏品巧妙地化作空间风景，并特别挑选纤细修长的落地立灯，低调不占空间，凸显出室内空间的高挑宽敞，亦衬托出收藏品的丰富性。圆弧造型的银色灯罩，外观优美、简洁、利落，让居家环境更加时尚有型。

图片提供 © 达利室内设计

446 融和冲突材料的"烛光"

酒红色烤漆橱柜与大理石餐桌的冰冷调性，在空间形成有趣的对比。在主灯上，设计师选用造型典雅的灯具，搭配低色温的灯泡，营造出较暖和的烛光效果，调和两者之间的冲突感。橱柜背墙使用黑色烤漆，可以吸收较杂的反射光线，让光线更加集中于表现主题。

图片提供 © 邑法室内设计＆装置艺术

447 风车造型灯饰，为居家质感加分

居家空间中的灯具，除了照明作用之外，也可以当做装饰品欣赏，选择一盏造型独特有趣的展示性灯具，能显出屋主独特的眼光与品位。在客厅墙面上设置一盏风车造型灯，立刻为空间增添令人赏心悦目的独特面貌。

图片提供 © 沈志忠联合设计｜建构线设计

447

448 虚化吊灯带入户外绿景

整个空间设计呈现清新的北欧风，原木桌椅加上木地板，为室内注入大地色彩，因此设计师巧妙配搭虚化的吊灯，如此一来便能将户外绿景带入室内情境里。而布罩吊灯充满禅意的简单设计，随着线形灯光的穿透，宛如植物光影更具自然气息。

图片提供 © 近境制作

449 现代感灯饰与普普风墙面的绝妙组合

想为墙面增添变化感，除了材质纹理、线条装饰外，灯光也是不可或缺的要素。造型灯体本身具有装饰性，加上光影的变化，便为墙面增添立体层次。将线条简洁的现代感圆形灯具嵌入以圆圈为主题的普普风墙面，与周围的圆圈装饰相呼应，使墙面的整体造型更加活泼有趣。

图片提供 © 欧斯堤有限公司

450 让灯具变成空间中的展示品

大型黑黄双色餐灯在空间中相当引人注目，以钻石切割面手法处理弧形灯罩，为常见的圆弧形吊灯带来不同的视觉感受，同时鲜黄色内层也与黑色外层形成强烈对比，整个灯体如空间中的展示品。

图片提供 © 甘纳空间设计

448

449

451

451 雕塑型立灯和律动背墙的完美搭配

整面背墙采取不规则设计，将 LED 灯暗藏在夹层深处，又形成不规则的间接照明，相对于沙发、电视墙等家私的摆设，反而营造活泼律动的生活感。设计师也特别配搭雕塑型立灯，让原本最平凡的白色，能以细微的照明设计成为最佳的空间装饰。

图片提供 © 近境制作

452 用光线的节奏感延续设计主题

希望将设计主题从公共空间延伸到私人空间，利用加大门片使卧室可向外开放，加强空间的景深效果，加上灯光运用制造出具有节奏感的线条，延续客厅的设计主题。

图片提供 © 宽月设计工程

453 家具结合光线的另类巧思

对于物件的形体，人们心中其实早有定性的印象，若能打破这类制式常规，将为生活带来意想不到的惊喜。卧室中摆设一张发光的床，等于将睡眠区域变成室内最大的灯体，将两种看似相反其实相辅相成的居家元素融为一体，令人惊艳。

图片提供 © 欧斯堤有限公司

452

453

454

455

454 大红色东方风情吊灯凝聚视线

以黑色铁件搭配大理石、木材与白墙面的空间，加上开放式的收纳，使居间空间显得颇有展示调性。一盏大红色的且具有东方风情的吊灯，其庞大的尺寸与简单内敛的造型，给人大胆而又不过分张扬的感受，在此显得格外亮眼。

图片提供 © 沈志忠联合设计－建构线设计

455 用主灯点出东方韵味

在色调上，整体空间以白色、木色、黑色3种颜色装饰；在柜体展示格、黑格栅屏风加入小型嵌灯，既能创造立面的层次感又具展示功能；餐桌使用竹编造型的灯笼式主灯，不仅为整体风格画龙点睛，还多出一丝东方韵味。

图片提供 © 王俊宏室内装修设计工程

456 线帘配合光线，软化空间气氛

无国界风格的居家，下降式地面铺设磐多魔，加上定制软件，打造出轻松自在的休憩区。从天花板洒落的间接灯光，在线帘上形成的柔美光影，区隔了餐厅。配合混搭希腊罗马柱、漂流木实木桌等元素的空间风格，休憩区采用鸟笼造型的主灯，搭配功能性的嵌灯，打造出充满岁月感空间氛围。

图片提供 © 宽月空间创意

457 镂空雕花灯饰营造柔美氛围

喜爱浪漫气氛的女屋主，在细节处布置出花团锦簇的缤纷感。镂空雕花造型的精致吊灯装设在餐厅与客厅之间，开灯后灯光投射在木质餐桌上，营造出温馨可人的气氛。明和暗，花和影，与同为花系列的客厅窗帘相互辉映，形成"采光明亮客厅"与"柔美朦胧餐厅"的对比效果。

图片提供 © 达利室内设计

458 冲突感灯具制造出视觉火花

简约线条的灯具散发出淡淡的禅意，恰与客厅悬挂的山水照片相互映，呈现自然单纯的生活形态。而黑色笼状灯罩结合裸露灯泡的吊灯，以夸张的造型与大胆的用色，在清新质朴的白色砖墙及温润的餐桌下，显得既冲突又吸睛，激荡出另一种空间美感。

图片提供 © 明楼室内装修设计有限公司

459 镂空钢丝球体做成的吊灯

屋主喜欢简洁的洛夫特（Loft）风格，但却也希望有较为华丽的元素，所以设计师找了以钢丝编织的球体，缀上一百多颗小 LED 灯泡做成吊灯，虽然体积甚大，但因为是镂空，所以不嫌笨重，是空间中较为华美的物件。

图片提供 © 杰玛室内设计

457

458

459

460 工业风灯具，成为吧台区的聚焦中心

室内开放式区域中，造型灯具绝对是最抢眼的聚焦中心之一。因此，吧台区特别选用了一盏由旧渔船探照灯改造而成的工业风造型灯具，在柔和的空间中显得格外抢眼，却又不致格格不入，充分显示出屋主独到的眼光。

图片提供 © 沈志忠联合设计｜建构线设计

461 温和而有型的餐厅

在全家相聚的餐厅中，选一组和空间风格与氛围相衬的餐厅吊灯，极具画龙点睛的效果。长方形餐桌上搭配黑色铁框结构的吊灯，框内的7颗灯泡以最直接的姿态闯入视线，带出独特的气势，而黄色的光线则带有缓和的气息，让整个膳食空间显得别具个性且温和可亲。

图片提供 © 珥本设计

462 用光线启动用餐的情绪

餐厅里最抢眼的莫过于压克力片组合而成的纯白造型吊灯，以其独特的造型搭配柔和的光线，再加上四周辅助用的点光源，呈现出时髦而不刺眼的空间调性，恰如其分地营造出轻松自然的用餐环境。

图片提供 © 非关设计

460

463 透明杯灯组装点用餐空间

用餐空间以白色为主色调，搭配现代风的家具，呈现出清爽而精致的质感。选用8盏小杯灯组成的透明水晶玻璃吊灯组，为区块提供重点照明。属于分散形光线的杯灯组的穿透性强，瓦数低，显眼而不过分抢戏，与高质感的空间气息十分吻合。

图片提供 © 奥絃空间设计

465 黑色造型吊灯展现个性风采

餐厅与厨房分属不同区块，因此采取黑色不规则流线形吊灯为餐灯，具有一定分量的灯体与深沉色彩在木色与白色空间里相当显眼，而橘黄色的内层则使光线温和而舒适，不影响用餐情绪。

图片提供 © 甘纳空间设计

464 工业风鹰架吊灯，别有一番风味

以不锈钢螺纹管搭配红色砖墙营造出的工业风格空间。在餐厅部分选用了欧洲的进口佩尔戈拉（PERGOLA）吊灯，鹰架、十字脚组合的造型，对整体风格再适合不过。采用温润的实木餐桌，与工业风格更是相辅相成。

图片提供 © 奇逸空间设计

464

465

466
+
467

在星空下入睡

想在生活中为自己创造些许惊喜？在受到深度限制的卧室，白墙反而是灯光的最佳舞台。设计师运用灯具产生的光影，点缀净白的墙面。而精致小巧的灯具以错落排列的手法，让每一个光影都能尽情展演，尤其夜晚通过玻璃的折射，更是映照出一片星空。为空间带来白天与夜晚两种截然不同的表情，也圆了睡前观星的梦想。

图片提供 © 馥阁设计

468 ### 科技感魔镜为生活增添情趣

在圆镜周围环绕一圈 LED 光带，创造出宛如童话世界里的发光魔镜，放置在以质朴的人造石墙为壁面的卧室中，将科技感与梦幻感一并呈现，构成相当富戏剧性的画面，以简单而又具巧妙的设计，为生活增添不少趣味。

图片提供 © Simone Micheli Architectural Hero

466

467

469　光与材质的视觉效果

天花板采用纤维板材质，在包覆梁柱的间接照明的黄光映射下，形成别具风格的视觉效果，纤维板的粗犷纹理更为凸显，不仅使厨房具备充足的光线，更予人一种抬头可见印象派画作的视觉享受，让烹饪专属的空间更活泼多变。

图片提供 © 非关设计

470 + 471　半球形吊灯藏玄机，增进用餐气氛

适合餐厅使用的经典半球形吊灯，是暗藏玄机的经典设计。将吊灯的下光罩利用激光切割出城市的街道图，当灯一开启，便映照出交错线条，多了一份趣味感，增进用餐时的轻松气氛，别有质感。

图片提供 © 禾筑国际设计

470

471

472 灯光，是居家最幽默的开场白

在玄关连接起居室间的入口位置，别出心裁地摆上一座被戏称为"礼貌先生"的人形立灯，其鞠躬弯腰的体态，宛如一位家庭管家正向每一位进门的客人鞠躬问好，趣味而幽默地道出欢迎之意，也带出空间主人的品位和个性。

图片提供 © 怀特室内设计

473 宇宙大爆炸（Big Bang）引爆视觉焦点

在以白色为基本色调的空间中，大胆运用红色予人格外深刻的视觉印象。为了配合周遭的红、黑色调，特别选用了一款以"光之源"为设计理念的宇宙大爆炸（Big Bang）的造型名灯，此灯饰的基本款为白色，设计师特别定制红色款，以呼应周遭红色调装饰，其放射状的造型与红色光影，成为空间中最注目的角落。

图片提供 © 橙白室内装修设计

474 独树一格的造型灯具

由于屋主非常喜爱木头，室内的设计与家具摆设皆大量运用木质素材，因此在灯具方面亦要选择能呼应整体空间设计的灯具。这款独特的树木造型立灯是设计师特别为屋主在国外采购的，由法国艺术家设计，独树一格又符合屋主喜好。

图片提供 © 诺禾室内设计

472

473

474

475 梳妆台灯具领衔配色

由于屋主本身极具时尚品位，因此设计师特别兼容温柔、时髦、神秘感，从梳妆台灯延伸整体空间设计，着重色彩搭配，大量运用紫色系装饰墙壁、梳妆镜，甚至梳妆台的桌脚等细节。当银色水晶灯的灯光照射在色墙上，令紫色的质感更为鲜明，搭配其华丽的造型，为空间整体营造出一种温柔而现代的格调。

图片提供 © 采荷设计

476 女性专属优雅衣帽间

女主人注重的衣帽间希望跳脱呆板的更衣室印象，设计师在天花板设计弧形嵌灯，并且加入两盏垂坠的主灯，将衣帽间化为女性专属的起居室。空间虽然保留开窗，但增加挂衣杆与布幔，用来屏蔽视线，因此，空间整体的灯光焦点依然是两盏亮丽的主灯。

图片提供 © 艺念集私空间设计

477 巧思组合经典名品成个性化灯饰

位于浴室外的半户外阳台，简单放上一张休闲椅，搭配几盏造型灯和国际家具品牌的透明水晶圆凳所制成的创意灯具，简单实用且别具特色，是居家最有个性的灯饰。

图片提供 © 界阳 & 大司室内设计

475

476

477

478

478 微照明凸显材质

设计师将组合式照明用于表现材质，如柱状的喇叭、大理石墙面、三面大窗中间的短墙等，加上造型前卫的餐桌主灯，营造出独树一格的氛围。此外，天花板加入金属烤漆，使内藏的间接照明更能凸显空间层次，打造出时尚大气的空间性格。

图片提供 © 艺念集私空间设计

479 优雅的突兀建构视觉亮点

在复古风格的卧房内，布置摆设以优雅、协调为主要考虑，视觉上相当舒适，却似乎少了点戏剧性。因此特别选用一盏桌灯造型，却大得有点突兀的特殊立灯，成为空间中的焦点。由于其线条优雅、光线柔和，所以虽然体积极大，却能自然地融入整体设计，可引人注目而不刺眼，显出大胆而不夸张的独特品位。

图片提供 © Gérard Faivre

480 造型立灯为复古小巧化妆台加分

灯具的样式多得令人眼花缭乱、目不暇接，如何选用与空间中各项元素协调而亮眼，且兼具实用性的灯具，这是一种考验。在充满复古感的小巧化妆台旁，选用一盏低调而带有些许华丽装饰的立灯作为辅助照明，让梳妆区更显品位。

图片提供 © 沈志忠联合设计 | 建构线设计

479

480

481 善用灯光造型反客为主

玄关处的大理石墙，成功带出空间大气质感，考虑其复杂的纹路已是视觉焦点，灯光不宜再做花哨修饰。为此，设计师特别选择一款简单小巧的LED嵌灯，平时，它可以是简洁的配饰；当灯光亮起，其放射状光束又能打破灯光理应柔和的印象，让它成为视觉主角。

图片提供 © 品桢室内空间设计

482 量身打造的筒形灯罩

因空调与配线而下降的天花板，以嵌入的方式预留两个圆形的空间，并量身打造纯白的筒形灯罩，以柔和的直接光源补充空间走道以及整间睡房的照明。这种嵌入式的设计让整体空间更显高挑，灯罩与天花板同色具有一致性，使整体空间十分协调。

图片提供 © 珥本设计

483 摄影棚灯造型吊灯黄色光创造冲突美学

餐桌主灯特别选用黄色光源，在整个空间显得相当突出，尤其是类似摄影棚灯造型的吊灯更加充满设计品位。由于餐厅大量使用木质家具，除了餐桌椅、壁柜墙，天花板和地板也是采用深色原木建材。因此设计师特别搭配黑色的灯框，让吊灯造型、色彩低调和黄色灯光亮度高调，形成独特的冲突美感。

图片提供 © 近境制作

482

483

023

484 舒适空间里的北欧风灯具

玄关一进来的区域，设定了餐桌、阅读等功能区，在光线上的规划以创造舒适为主。在简洁利落的框架下，借助来自丹麦的设计款吊灯以及凸显底墙的轨道灯，使轻松无压的生活空间里具有独特的造型元素。

图片提供 © a space..design

485 + 486 发光弧形墙令人眼前一亮

面积极小的微型住宅除了功能性之外，整洁度也是必备要素。因此，设计师将居家收纳的功能整合在曲线墙内，并搭配不同色调的灯光变化，使墙面呈现律动感，让曲线墙既是收纳区，也是空间中极具张力且最为抢眼的造型灯。

图片提供 © HRuiz-Velazquez Archietcure and Design

484

487 大型地灯的光影

使用悬臂地灯搭配设计款单椅，打造出具有设计感的角落。灯具本身虽是下照式，但灯罩上方的透气孔具有透光作用，配合不规则天花板，以光影勾勒出立体几何图形。

图片提供 © 邑法室内设计＆装置艺术

488 引导动线的唯美灯

玄关进来的长廊，可通往左右的客厅与餐厅。设计师以树叶造型镂空藏灯，以温润的叶片状光影界定各区域，并在引导动线同时为空间增添视觉趣味与质感。

图片提供 © 艺念集私空间设计

489 简洁典雅的立灯，点缀空间美感

现代居家设计对于美感的要求愈来愈高，灯具除了照明以外，在空间中呈现的美感也愈来愈受重视。在布置简洁的客厅角落设置造型简单大方、光线柔和的立灯，其优雅的质感与光线，立刻使空间的美感大为提升。

图片提供 © 欧斯堤有限公司

488

489

490 圆润造型灯具带入趣味色彩

两盏设计名灯一前一后挂在简约的厨房，显得格外出色。选择以日式提灯为灵感设计的吊灯，圆润简约的外形诠释着日式纸灯笼的意象，灯罩以独特的口吹玻璃工法打造，让光线透过双层玻璃逸散之后，渲染出温暖的气息。

图片提供 © 明楼室内装修设计有限公司

491 用灯光将突兀柱体化为装置艺术

矗立在厨房空间中央的柱子甚是令人困扰。设计师刻意将柱体与半岛吧台、收纳层架合而为一，成了橱柜结构的一部分，并将柱子刷成绿色，利用造型壁灯打亮，增添趣味性，再搭配如垂坠伞裙般的吊灯，打造宛如装置艺术品般的空间。

图片提供 © 养乐多 _ 木艮

492 + 493 LED 光带让用餐空间更有型

用餐空间一般而言以温馨缓和的光线为主，但有时也可以增加不一样的变化，运用 LED 光带的投射效果，就能瞬间改变空间色调，各种不同的光色，让素雅的空间显得更有性格。

图片提供 © PS百速 | 设计建筑

490

491

492

493

494

494 餐桌上方的吊灯采用倒吊干燥花束的灯罩

大量使用原木、文化石营造英式乡村风，用玻璃砖做窗户，可柔化自然光线；餐桌上方则以格栅中间的嵌灯为主要照明，让餐桌及墙侧的摆饰显得更清晰；餐桌正上方的吊灯，则采用锻铁做成倒吊干燥花束形状的灯罩，与整体的乡村风相得益彰，打在墙面上的光影也充满趣味性。

图片提供 © 只设计·部室内装修设计

495 光影舞出时间的轨迹
+
496

设计师使用环保的模型，亲手打造时钟与灯光相结合的壁灯。运用光的阴影创造出时钟的刻度与指针，按下开关的瞬间，就能清楚地从墙面的光影变化中读出流动的时间，因而称之为"时光"，这是兼具互动性与装饰性的创新作品。

图片提供 © 灯光设计师陈俊源

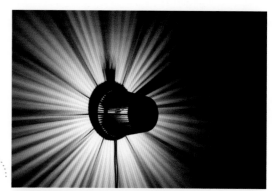

495

496

497 金属切割出的乡村风灯饰

白色文化石是设计中常见的建材，此处以少见的灰色文化石搭配黑色木纹餐桌，营造美式乡村风。有别于客厅以现代感十足的轨道投射灯，设计师特别挑选用金属切割成灰色树叶与蜻蜓造型的吊灯，搭配桌上玻璃瓶小盆栽，呼应乡村风的情调。而吊灯开启时，金属的灯杆倒映在墙面上，让纯白墙面多了光影的层次变化。

图片提供 © 墨线设计

499 手工丝缎灯独具特色

屋主拥有不少中式收藏品，希望将居家装点成古典茶艺馆风格。为避免装潢流于严肃厚重，设计师特选质感较为轻盈的中式展示柜与浅色木质家具，再搭配一盏以手工编织而成的丝缎吊灯。其造型圆润，精致的丝缎内散发出朦胧的光芒，不仅显得大气，对整体空间布置也有着画龙点睛的功效。

图片提供 © 达利室内设计

498 造型吸睛的铁线高脚立灯

在以木材与金属架作为门、地板、书桌以及书架的整体空间中，此间书房的设计走向是简约自然。两墙面之间摆设一座以铁线编成的高脚立灯，立灯装饰性大于功能性，造型十分抢眼，摆在书房中有画龙点睛的效果。

图片提供 © 明代室内设计

500 可爱的橘子灯增添小孩房可爱气质

考虑小孩房的长期使用性，不刻意进行太过花哨的规划，仅在中央内凹处挂上一盏圆圆胖胖的橘子灯（或称肚脐灯），展现空间童趣和可爱气质；吊柜下方则嵌入整排灯带，是预备小朋友长大后，可将中央的玩具柜移开改放书桌，以此作为书桌间照明。

图片提供 © 白金里居空间设计

497

著作权合同登记号：图字13-2014-016

本书经台湾城邦文化事业股份有限公司麦浩斯出版事业部授权出版。

未经书面授权，本书图文不得以任何形式复制、转载。本书限在中华

人民共和国境内销售。

图书在版编目（CIP）数据

照明设计500 / 麦浩斯《漂亮家居》编辑部编. —福州：

福建科学技术出版社，2014.10

ISBN 978-7-5335-4640-3

Ⅰ.①照… Ⅱ.①麦… Ⅲ.①建筑照明 – 照明设计

Ⅳ.①TU113.6

中国版本图书馆CIP数据核字（2014）第217785号

书 名	照明设计500	
编 者	麦浩斯《漂亮家居》编辑部	
出版发行	海峡出版发行集团	
	福建科学技术出版社	
社 址	福州市东水路76号（邮编350001）	
网 址	www.fjstp.com	
经 销	福建新华发行（集团）有限责任公司	
印 刷	福州德安彩色印刷有限公司	
开 本	889毫米×1194毫米 1/24	
印 张	12.5	
图 文	300码	
版 次	2014年10月第1版	
印 次	2014年10月第1次印刷	
书 号	ISBN 978-7-5335-4640-3	
定 价	59.80元	

书中如有印装质量问题，可直接向本社调换